9
1969

Faserforschung und Textiltechnik

WISSENSCHAFTLICH-TECHNISCHE ZEITSCHRIFT
FÜR DIE CHEMIEFASER- UND TEXTILINDUSTRIE

BEGRÜNDET VON
ERICH CORRENS UND WALTER FRENZEL

HERAUSGEGEBEN VON ERICH CORRENS
WOLFGANG BOBETH — HANS BÖHRINGER — HERMANN KLARE
BURKART PHILIPP — CHRISTIAN RUSCHER

SCHRIFTLEITER J. BRÄMER UND I. RUSCHER

AUS DEM INHALT

AKADEMIE-VERLAG BERLIN

Faserforsch. u. Textiltechnik • 20. Jahrg. • Heft 9 • Seiten 409—460 • Berlin im September 1969

Steif wie ein Brett

.... war meistens nur die einzige Eigenschaft, die herkömmliche Appreturen unseren Textilien verliehen. Steif- und Füllappreturen aus Schkopau unter der Bezeichnung „**PRÄWOZELL®**" nehmen heute bei der Ausrüstung von Textilien einen wichtigen Platz ein.

Griff- und Gebrauchseigenschaften der Gewebe können in vielfältigster Weise verändert werden. Für Baumwolle- und Viskosefasern, Anzug- und Möbelbezugstoffe, Samt- und Cordgewebe, Gardinen, Chemieseidengewebe, Filze, Hüte und Teppiche sind Sie mit Appreturmitteln aus Schkopau immer gut beraten.

Fordern Sie eingehendes Informationsmaterial über unsere diversen Präwozell-Typen an.

VEB CHEMISCHE WERKE BUNA · DDR 4212 SCHKOPAU

Professor Dr.-Ing. Walter Frenzel 85 Jahre

Faserforsch. u. Textiltechnik **20** (1969) 9, S. 409.

DK 678.746.22:541.8:532.13.08:535.36.08

Dautzenberg, Herbert

Einfluß der Lösungsmittelgüte auf das Verhalten linearer und verzweigter Makromoleküle in Lösung

Faserforsch. u. Textiltechnik **20** (1969) 9, S. 409—416. 8 Abb., 3 Tab., 23 Lit.

Zur Untersuchung des Einflusses der Lösungsmittelgüte auf das Verhalten von Makromolekülen in Lösung wurden Lichtstreuungs- und Viskositätsmessungen an linearen Polystyrolfraktionen und einem verzweigten Produkt durchgeführt. Die Variation der Lösungsmittelgüte erfolgte durch sukzessive Zugabe von Fällungsmittel. Die Ergebnisse werden anhand der bestehenden Theorien über das ausgeschlossene Volumen diskutiert.

DK 677.463.021.3:677.463.021.319.5:532.13:532.135

Wulf, Karl, und *Philipp, Burkhart*

Rheologische Untersuchungen an Spinnlösungen

5. Mitt.: Zum Fließverhalten von Viskosespinnlösungen hoher Viskosität

Faserforsch. u. Textiltechnik **20** (1969) 9, S. 417—425. 6 Abb., 5 Tab., 29 Lit.

Es wird über das Fließverhalten in langen und kurzen Kapillaren bzw. Düsen von Viskosespinnlösungen berichtet, deren Anfangsviskositäten durch Änderung unterschiedlicher chemischer Herstellungsparameter eingestellt wurden.

DK 677.463:677.46.021.5:546.226'39: 539.216.1:537.533.35

Gensrich, Heinz Jürgen, und *Gröbe, Anneliese*

Elektronenmikroskopische Untersuchungen an Ultradünnschnitten von Celluloseregeneratfäden

Teil II. Die Struktur von Gelfäden, koaguliert in Ammoniumsulfatlösungen

Faserforsch. u. Textiltechnik **20** (1969) 9, S. 425—433. 9 Abb., 55 Lit.

In Ammoniumsulfatlösungen ersponnene, darin regenerierte und zur Bewahrung des Gelzustandes indirekt durch Lösungsmittelaustausch bzw. Gefriertrocknung entwässerte Gelfäden werden untersucht und den entsprechenden luftgetrockneten Proben gegenübergestellt. Untersuchungsmethoden sind Ultradünnschnittechnik, Gefrierätztechnik, Oberflächenabdrücke, Dichtemessung und Hg-Porosimetrie. Die Morphologie der Gelfäden ist durch eine netzartige Anordnung von fibrillaren Strukturelementen gekennzeichnet, die einen Durchmesser von 90 bis 170 Å besitzen. Die Netzstruktur der Gelfäden schließt ein beträchtliches Hohlraumvolumen ein, das beim direkten Trocknen der Gelfäden stark vermindert wird. Dennoch bleibt ein zusammenhängendes Hohlraumsystem zurück. Die Ergebnisse über die Struktur der Gelfäden werden durch Untersuchungen über Artefakte bei der Methacrylateinbettung gesichert.

DK 661.728.84:541.182:541.182.644

Pass, Heinz, und *Michels, Christoph*

Beitrag zur Bestimmung des Gelteilchengehaltes in Viskosen

Faserforsch. u. Textiltechnik **20** (1969) 9, S. 434—437. 3 Abb., 2 Tab., 5 Lit.

Es wird von einer Eichmethode für das Gelteilchenzählgerät ZG 1 vom VEB TUR Dresden berichtet, die ohne Anwendung von Pollen oder Plastikkügelchen aufbauend auf den Gerätekonstanten gut reproduzierbare Partikelzählungen ermöglicht.

DK 661.728.84:677.463.021.5:541.182:658.562:658.588.002.234

Sendner, Horst, Zimmermann, Karl, Büchner, Reinhard, und *Gründling, Anneliese*

Inhomogenitäten in Buchensulfitzellstoff-Viskosen und ihr Einfluß auf den Spinnprozeß

Faserforsch. u. Textiltechnik **20** (1969) 9, S. 438—442. 4 Abb., 2 Tab., 27 Lit.

Die Arbeit befaßt sich mit dem Einfluß der Inhomogenitäten auf den Viskosespinnprozeß. Durch Partikelzählungen und Lichtdurchlässigkeitsmessungen an Betriebsviskosen eines Viskosefaser-Großbetriebes wird der Einfluß des Zellstoff-Extraktgehaltes auf die Spinnsicherheit nachgewiesen. Des weiteren wird eine Methode zur Erarbeitung eines „Viskosepasses" zur Diskussion gestellt, durch den Störungen in den einzelnen Stufen des betrieblichen Viskosierprozesses durch Partikelzählung lokalisiert werden können.

DK 677.494.674:677.494.675:677.494.061.382:677.494.061.3:535.827.2

Landgraf, Runhild, und *Kaufmann, Siegfried*

Untersuchungen mit einer Faserdreheinrichtung am Mikroskop

Teil 1: Apparatur und einige Anwendungen

Faserforsch. u. Textiltechnik **20** (1969) 9, S. 442—449. 11 Abb., 17 Lit.

Es wird eine Faserdreheinrichtung beschrieben, die es gestattet, optische Messungen an beliebigen Querschnitten von Faserstoffen durchzuführen. Als Anwendung werden einige optische Konstanten von gequetschter Polyamidseide und von S-Masern aus Polyesterseide bestimmt und eine Bikomponentenseide untersucht.

DK 678.674'524'420:543.257:546.212:658.562

Dinse, Hans-Dieter, und *Praeger, Konrad*

Eine neue Betriebskontrollmethode zur Wasserbestimmung in Polyäthylenterephthalat

Faserforsch. u. Textiltechnik **20** (1969) 9, S. 449—450. 1 Abb., 1 Tab., 2 Lit.

DK 677.862.25:677.21:547.458.81:541.124.2:546.714

Uhlig, Egon, und *Teichmann, Rainer*

Über die Initiierung der Pfropfpolymerisation von Acrylnitril auf Cellulose durch Mangan (IV)

Faserforsch. u. Textiltechnik **20** (1969) 9, S. 451. 9 Lit.

DK 661.728.84:677.463.021.435:677.463.021.319

Treiber, Erich, und *Lidbrandt, Ove*

Zur Viskositätskorrigierung des Filterwertes von Viskosen

Faserforsch. u. Textiltechnik **20** (1969) 9, S. 452—453. 2 Abb., 1 Tab., 5 Lit.

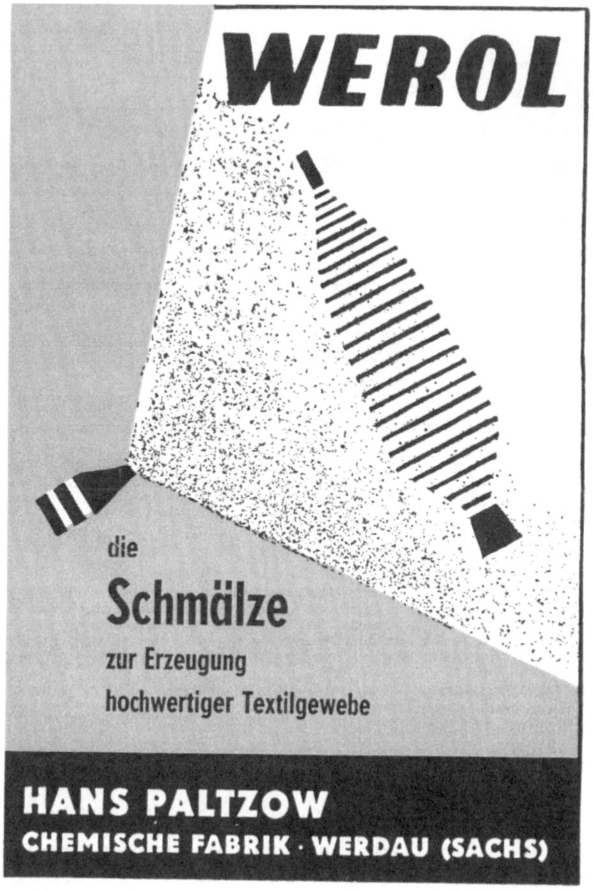

Die Zeitschrift „Faserforschung und Textiltechnik" erscheint monatlich in Heften zu 48 Textseiten im Format A 4. Der Preis für das Einzelheft beträgt M 15,– (Sonderpreis für DDR M 9,–), für den Vierteljahrbezug M 45,– (Sonderpreis für DDR M 27,–), zuzügl. Bestellgeld. Die Berechnung erfolgt zu Beginn eines Vierteljahrs für 3 Hefte. Bestellungen aus dem Gebiet der Deutschen Demokratischen Republik an ein Postamt, eine Buchhandlung oder den Verlag, aus der Deutschen Bundesrepublik an eine Buchhandlung oder die Auslieferungsstelle Kunst und Wissen, Erich Bieber, 7 Stuttgart 1, Wilhelmstraße 4–6, aus dem Ausland an eine Importbuchhandlung, den Deutschen Buch-Export und -Import GmbH., 701 Leipzig, Postschließfach 276, oder den Akademie-Verlag GmbH., 108 Berlin, Leipziger Str. 3–4 (Fernruf: 220441; Telex-Nr. 0112020; Postscheckkonto 35021) erbeten. Bestellnummer dieses Heftes: 1014/20/9. Alleinige Anzeigenannahme DEWAG-WERBUNG, 102 Berlin, Rosenthaler Str. 28/31, und alle DEWAG-Betriebe in den Bezirksstädten der DDR. – Bestellungen in der UdSSR nehmen entgegen: Städtische Abteilungen von „SOJUZPECHATJ" bzw. Postämter und Postkontore.

Herausgeber und verantwortlich für den Inhalt: Prof. Dr. Erich Correns, Institut für Faserstoff-Forschung der Deutschen Akademie der Wissenschaften zu Berlin, 153 Teltow-Seehof, Fernruf: Teltow 4831; Prof. Dr.-Ing. habil. Wolfgang Bobeth, Institut für Technologie der Fasern der Deutschen Akademie der Wissenschaften zu Berlin, 801 Dresden, Hohe Str. 6, Fernruf: 44721; Prof. Dr.-Ing. Hans Böhringer, Institut für Textiltechnologie der Chemiefasern Rudolstadt, Fernruf: Rudolstadt 2031; Prof. Dr. Hermann Klare, Prof. Dr. habil. Burkart Philipp und Dr. Christian Ruscher, Institut für Faserstoff-Forschung der Deutschen Akademie der Wissenschaften zu Berlin, 153 Teltow-Seehof, Fernruf: Teltow 4831. Schriftleiter: Joachim Brämer und Dipl.-Chem. Ingeborg Ruscher, 153 Teltow-Seehof, Kantstr. 55. Verlag: Akademie-Verlag GmbH., 108 Berlin, Leipziger Str. 3–4. Satz und Druck: Druckhaus „Maxim Gorki", 74 Altenburg. – Veröffentlicht unter der Lizenznummer 1280 des Presseamtes beim Vorsitzenden des Ministerrates der Deutschen Demokratischen Republik.

Faserforschung und Textiltechnik

WISSENSCHAFTLICH-TECHNISCHE ZEITSCHRIFT FÜR DIE CHEMIEFASER- UND TEXTILINDUSTRIE

Band 20 September 1969 Heft 9

Professor Dr.-Ing. Walter Frenzel 85 Jahre

Am 29. September 1969 vollendet der Mitbegründer und langjährige Mitherausgeber der „Faserforschung und Textiltechnik", Prof. Dr.-Ing. *Walter Frenzel*, das fünfundachtzigste Lebensjahr. Den Herausgebern und der Schriftleitung ist es ein aufrichtiges Bedürfnis, dem Jubilar für seinen stetigen Einsatz und sein bleibendes Interesse an dem Geschehen unserer Zeitschrift herzlichst zu danken und ihm die besten Wünsche für Gesundheit und Wohlergehen zu übermitteln.

Erich Correns

Einfluß der Lösungsmittelgüte auf das Verhalten linearer und verzweigter Makromoleküle in Lösung

Herbert Dautzenberg

Deutsche Akademie der Wissenschaften zu Berlin, Institut für Faserstoff-Forschung in Teltow-Seehof, Abteilung Physik

DK 678.746.22:541.8:532.13.08:535.36.08

Zur Untersuchung des Einflusses der Lösungsmittelgüte auf das Verhalten von Makromolekülen in Lösung wurden Lichtstreuungs- und Viskositätsmessungen an linearen Polystyrolfraktionen und einem verzweigten Produkt durchgeführt. Die Variation der Lösungsmittelgüte erfolgte durch sukzessive Zugabe von Fällungsmittel. Die Ergebnisse werden anhand der bestehenden Theorien über das ausgeschlossene Volumen diskutiert.

Влияние качества растворителя на поведение линейных и разветвленных макромолекул в растворе

Для изучения влияния качества растворителя на поведение макромолекул в растворе проводились измерения светорассеяния и вязкости растворов фракций линейного и разветвленного полистирола. Качество растворителя варьировалось путем последовательного прибавления осадителя. Полученные результаты обсуждаются с точки зрения существующих теорий об исключенном объеме.

Effect of the Solvent Characteristics on the Behaviour of linear and branched Polymers in Solution

The effect of the dissolving power on polymers in solution was determined by light scattering and viscosity measurements with linear and branched polystyrene, the dissolving power being changed by addition of precipitants. The results are discussed in terms of current excluded volume theories.

1. *Einleitung*

Zur Charakterisierung der Struktur von Makromolekülen bietet die Untersuchung des Lösungszustandes eine wertvolle Hilfe. Da die Struktur der Moleküle in der Lösung durch die Wechselwirkung der Polymermoleküle untereinander und mit dem Lösungsmittel beeinflußt wird, ist es notwendig, die erhaltenen Meßgrößen auf unendliche Verdünnung und auf den θ-Zustand, in dem die Gestalt der Moleküle nur durch die Eigenstruktur gegeben wird, zu extrapolieren. Die Extrapolation auf unendliche Verdünnung läßt sich leicht durch Aufnahme von Meßreihen bei verschiedenen Konzentrationen durchführen. Die Bestimmung der ungestörten Dimensionen der Moleküle in θ-Zustand stößt jedoch häufig auf Schwierigkeiten, da oft kein geeignetes θ-Lösungsmittel für ein vorgegebenes Polymeres bekannt ist oder das Arbeiten mit θ-Lösungsmitteln, die schlechte Lösungsmittel sind, unpraktisch ist. Es ist deshalb von großer Bedeutung, den Einfluß der Lösungsmittelgüte systematisch zu untersuchen, um aus dem Verhalten eines Polymeren in guten Lösungsmitteln auf den θ-Zustand extrapolieren, d. h. unverfälschte Rückschlüsse auf die Struktur der Makromoleküle ziehen zu können. Von besonderem Interesse ist dabei die Frage, ob es möglich ist, durch Messung in guten Lösungsmitteln richtige Aussagen über den Verzweigungsgrad von Molekülen zu erhalten.

Zur Klärung dieser Fragen wurden von uns Untersuchungen an Fraktionen von linearem und verzweigtem Polystyrol bei Variation der Lösungsmittelgüte durch sukzessive Zugabe von Fällungsmittel durchgeführt. Als Meßmethoden dienten die Lichtstreuung und die Viskosimetrie. Die Variation der Lösungsmittelgüte durch Zugabe von Fällungsmittel hat den Vorteil, daß man den Bereich bis zur θ-Lösung kontinuierlich erfassen kann.

2. *Theoretische Grundlagen*

Während in einer θ-Lösung die Moleküle infolge Kompensation der Wechselwirkungskräfte im kräftefreien Zustand vorliegen und sich ihr Verhalten mit Hilfe des Segmentmodelles und der Irrflugstatistik beschreiben läßt, wird in einem guten Lösungsmittel der Effekt des ausgeschlossenen Volumens (Verbot von Konfigurationen, bei denen sich Segmente gegenseitig durchdringen) nicht mehr durch die Assoziationstendenz der einzelnen Segmente untereinander kompensiert, sondern noch durch Solvatation verstärkt. Das führt zu einer Änderung der Verteilungsstatistik der Segmente im Molekül und einer Aufweitung der Knäuel. Den dominierenden Einfluß auf die Meßgrößen, wie Viskosität und Lichtstreuung, besitzt dabei die Änderung der Moleküldimensionen.

Von *Flory* [1] wurde zur Charakterisierung der Molekülaufweitung der Expansionsfaktor α durch die Relation

$$\alpha^2 = \frac{\overline{s^2}}{\overline{s_0^2}} \qquad (1)$$

eingeführt, mit $\overline{s^2}$ = mittleres Quadrat des Trägheitsradius im guten Lösungsmittel, $\overline{s_0^2}$ = das gleiche in der θ-Lösung ($\overline{s_0^2} = NL^2/6 = \overline{h_0^2}/6$, N = Zahl der Segmente im Molekül, L = Segmentlänge, $\overline{h^2}$ = mittleres Abstandsquadrat der Fadenendpunkte). Nach dem Gittermodell oder der Quellungstheorie wurde für α die Beziehung

$$\alpha^5 - \alpha^3 = C N^{1/2} \qquad (2)$$

abgeleitet, die die Abhängigkeit der rel. Molekülmasse von α beschreibt. C = Faktor, der die thermodynamischen Eigenschaften der Lösung enthält.

Von einer Reihe von Autoren [2, 3, 4] wurde α nach der Störungstheorie berechnet und in Form einer Reihenentwicklung angegeben:

$$\alpha^2 = 1 + (134/105\, z - + \ldots) \qquad (3)$$

mit $z = (3/2\,\pi)^{3/2} \beta\, L^3 N^{1/2}$,

$$\beta = \int_0^\infty \{1 - \exp[-u(w)/kT]\}\, dv$$

= ausgeschlossenes Volumen.

Ausgehend von Gleichung (3) kann man eine Verknüpfung zwischen dem Expansionskoeffizienten α und dem zweiten Virialkoeffizienten A_2 der Lösung, der die Güte des Lösungsmittels charakterisiert, erhalten. In einfacher Kontaktapproximation gilt für A_2 [2]:

$$A_2 = N_A \beta / 2 M_0^2; \qquad (4)$$

N_A = Avogadrosche Zahl, M_0 = rel. Molekülmasse eines Polymersegments. Damit folgt:

$$\alpha^2 = 1 + 0{,}0572\, A_2 M^2 / N_A \cdot \overline{s_0^2}^{3/2}; \qquad (5)$$

M = rel. Molekülmasse des Polymeren.

Setzt man für das aufgeweitete Knäuel die Segmentlänge $\alpha \cdot L$ an [2], so ergibt sich

$$\alpha^5 - \alpha^3 = 0{,}0572\, A_2 M^2 / N_A \cdot \overline{s_0^2}^{3/2}. \qquad (6)$$

Die Gleichungen (5) und (6) sind für eine experimentelle Überpüfung sehr gut geeignet.

Genauere Berechnungen von A_2 [5, 6, 7] liefern den zweiten Virialkoeffizienten in der Form

$$A_2 = (N_A \beta / 2 M_0^2)\,(1 - 2{,}865\, z + B z^2 + \ldots), \qquad (7)$$

wobei der Wert von B je nach Art der Näherung unterschiedlich angegeben wird. Für kleine Werte von z, d. h. in der Umgebung der θ-Lösung genügt es, Gleichung (4) zu verwenden.

Die bisherigen Betrachtungen beschränkten sich auf lineare Ketten. Wir wollen jetzt den Einfluß einer Verzweigung auf den Expansionskoeffizienten und den zweiten Virialkoeffizienten diskutieren. Die Berechnung der Dimensionen verzweigter Ketten in θ-Lösungen zeigt [8, 9], daß verzweigte Ketten stärker eingeknäuelt sind als lineare. Damit erhöht sich aber die Zahl der Kontaktstellen zwischen den Segmenten eines Moleküles, so daß ein stärkerer Einfluß des Volumeneffektes als bei linearen Ketten zu erwarten ist. Quantitative Betrachtungen über die Größe der Molekülaufweitung für verschiedene Modelle verzweigter Moleküle wurden von *Kron* und *Pticyn* [10] durchgeführt. Dabei wurde α in der Form

$$\alpha^2 = 1 + \frac{134}{105} \varkappa z + \ldots \qquad (8)$$

berechnet, wo der Parameter $\varkappa$ von der Art der Verzweigung abhängig ist und für lineare Ketten gleich 1 wird. Aus den in Arbeit [8] angegebenen Ausdrücken für $\varkappa$ ergeben sich bei gleich langen Zweigen folgende Werte:

1 Verzweigungspunkt der Funktionalität 3: $\varkappa = 1{,}015$,
1 Verzweigungspunkt der Funktionalität 4: $\varkappa = 1{,}05$,
2 Verzweigungspunkte der Funktionalität 3: $\varkappa = 1{,}26$.

Für niedrige Verzweigungsgrade sind die Unterschiede im Verhalten linearer und verzweigter Moleküle bei Verbesserung des Lösungsmittels relativ gering, sie steigen aber bei Erhöhung des Verzweigungsgrades schnell an.

Auch der zweite Virialkoeffizient wird von der Verzweigung beeinflußt. In einem kompakteren Molekül werden sich die Nebenvalenzbindungen stärker innermolekular absättigen, so daß bei verzweigten Ketten ein niedrigerer zweiter Virialkoeffizient zu erwarten ist. Eine Berechnung von A_2 für stern- und kammförmig verzweigte Moleküle wurde von *Casassa* [11, 12] durchgeführt.

3. *Experimentelle Untersuchungen*

Die Moleküldimensionen und der Expansionskoeffizient α wurden von uns an verschiedenen linearen Polystyrolfraktionen und einem verzweigten Polystyrol mit Hilfe der Lichtstreuung und der Viskosimetrie gemessen. Die Lösungsmittelgüte variierten wir durch sukzessive Zugabe von Isopropanol zum Lösungsmittel Butanon.

3.1. *Herstellung der Proben*

Das lineare Polystyrol wurde durch thermische Polymerisation bei 60 °C bis zu einem Umsatz von 33% und das verzweigte durch Polymerisation bis 87% Umsatz hergestellt[1]). Bei sehr hohen Umsätzen tritt infolge von Übertragungsreaktionen eine Verzweigung des Produktes auf.

Die Fraktionierung erfolgte nach dem üblichen Verfahren [13] durch sukzessive Fällung. Als Lösungsmittel diente Butanon und als Fällungsmittel Methanol. Von den Polymerisaten wurden 5 g auf 1 l Lösungsmittel eingesetzt. Bei der Fraktionierung des verzweigten Polystyrols wurde zuerst eine Auftrennung in zwei Fraktionen durchgeführt und dann die obere Fraktion weiter fraktioniert, da die ver-

1) Für die Herstellung der Proben danken wir Herrn Dr. *H. Herma*, Institut für Faserstoff-Forschung Teltow-Seehof, Abt. Synthetische Fasern aus Polymerisaten.

zweigten Produkte in den oberen Fraktionen zu erwarten sind. Die Messungen erfolgten an fünf Fraktionen des linearen Polystyrols (P_{l1}, P_{l3}, P_{l5}, P_{l7}, P_{l9}), dem unfraktionierten Polystyrol ($P_{unfr.}$) und an der ersten Fraktion des verzweigten Produktes (P_v).

3.2. *Lichtstreuungsmessungen*

Die Streukurven wurden mit einem Streulichtphotometer Sofica, Modell 42000, der Firma Wippler und Scheibling, bei $\lambda = 546$ nm und mit unpolarisiertem Licht aufgenommen. Die Küvetten wurden während der Messung auf 20,0 °C ± 0,1 grd temperiert. Für R_{Benzol} wurde der Wert $16{,}3 \cdot 10^{-6}$ und für $\partial n/\partial c$ der Wert 0,218 cm³/g [14] benutzt.

Die für die Messungen verwendeten Lösungs- und Fällungsmittel wurden durch fraktionierte Destillation gereinigt. Die Präparation der Lösungen erfolgte folgendermaßen: Durch Einwaage stellten wir eine 0,25%ige Stammlösung her, die durch zweimalige Filtration durch eine G-5-Fritte von Staubteilchen gereinigt wurde. Die Meßkonzentrationen (0,25; 0,20; 0,15; 0,10; 0,05; 0,025%) wurden durch Verdünnung der Stammlösung in den Küvetten erhalten. Das Verfahren hat den Vorteil, daß keine zusätzlichen Fehler in den Konzentrationen der Lösungen durch Filtration auftreten.

Die Lösungs/Fällungsmittel-Gemische stellten wir durch Zutropfen von filtriertem Isopropanol in die Meßküvetten her. Dabei wurde täglich eine Konzentrationsreihe gemessen, dann Fällungsmittel zugetropft und die nächste Messung erst am anderen Tag ausgeführt, so daß sich echte Gleichgewichtsbedingungen in den Lösungen einstellen konnten. Die Konzentrationsänderungen durch Zugeben des Fällungsmittels und Verdunstungsverluste wurden durch Wiegen bestimmt und bei der Auswertung der Streukurven berücksichtigt.

Ein Filtrieren der Lösungen nach Zugabe von Fällungsmittel ist nicht zu empfehlen, da bei hohen rel. Molekülmassen in der Nähe des θ-Punktes beim Durchpressen der Lösungen durch die Fritten eine Trübung eintritt.

Die aufgenommenen Streukurven wurden in *Zimm*-Diagrammen aufgetragen, aus denen nach der Gleichung

$$\frac{Kc}{I(\vartheta)} = \frac{1}{M} P^{-1}(\vartheta) + 2A_2 c \qquad (9)$$

mit $P(\vartheta)^{-1} = 1 + 8\pi^2/9\lambda^2\, \overline{h^2} \sin^2 \vartheta/2$, λ = Wellenlänge in der Lösung, die rel. Molekülmassen, die zweiten Virialkoeffizienten und die Moleküldimensionen entnommen wurden.

In den Bildern 1 und 2 sind als Beispiel die *Zimm*-Diagramme des unfraktionierten Polystyrols und der Fraktion P_3 in reinem Butanon angegeben. Die Krümmung der Kurven ist wahrscheinlich auf eine Polydispersität der untersuchten Proben zurückzuführen [15]. Dafür spricht, daß das Abknicken der Kurven bei der unfraktionierten Probe wesentlich stärker ist.

In Bild 3 ist der Anstieg der Streukurven über dem zweiten Virialkoeffizienten für alle untersuchten Proben dargestellt. Die Kurven zeigen den zu erwartenden Verlauf. Für $A_2 = 0$ enden die Kurven des linearen Polystyrols innerhalb der Meßgenauigkeit in einem Punkt, d. h. das Verhältnis $\overline{h_0^2}/M$ ist, wie die Theorie für θ-Lösungen verlangt, konstant. Aus Bild 3 wurden für die Fällungsmittelkonzentrationen, bei denen die Viskositätsmessungen durchgeführt wurden, die Werte für $\overline{h^2}^{1/2}$ und α entnommen und in Tabelle 1 zusammen-

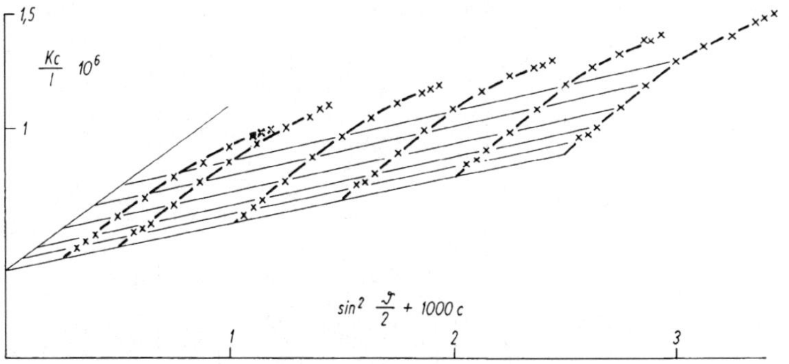

Bild 1. *Zimm*-Diagramm des unfraktionierten linearen Polystyrols in reinem Butanon

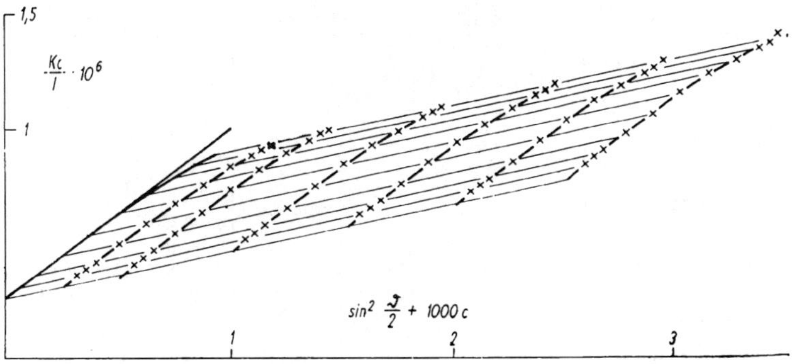

Bild 2. *Zimm-Diagramm* der Fraktion P_{l3} in reinem Butanon

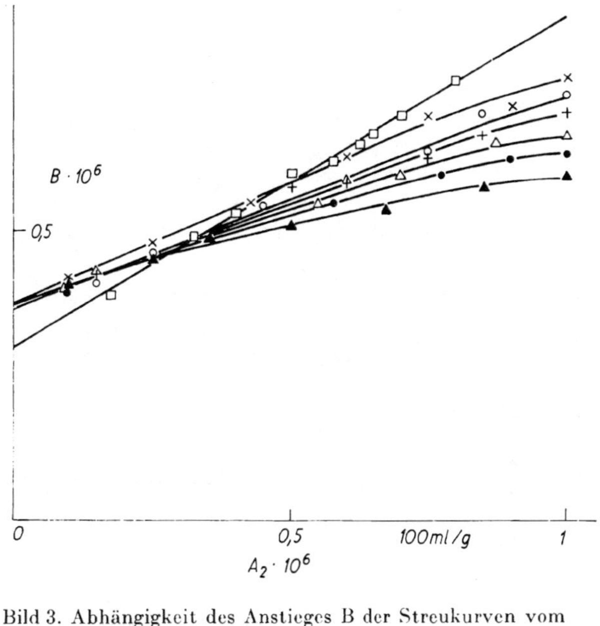

Bild 3. Abhängigkeit des Anstieges B der Streukurven vom zweiten Virialkoeffizienten: x — P_{l1}; o — P_{l3}; Δ — P_{l5}; ● — P_{l7}; ▲ — P_{l9}; + — P_{unfr}; □ — P_v

Tabelle 1. Moleküldimensionen und Expansionsfaktor in Abhängigkeit von der Lösungsmittelgüte

c_F	$A_2 \cdot 10^6$ [100 ml/g]	P_{l1} $M = 5{,}0 \cdot 10^6$ Lichtstr. $\overline{h^2}^{1/2} \cdot 10^3$ [Å]	Lichtstr. α	Viskos. α	P_{l3} $M = 3{,}8 \cdot 10^6$ Lichtstr. $\overline{h^2}^{1/2} \cdot 10^{-3}$ [Å]	Lichtstr. α	Viskos. α	P_{l5} $M = 3{,}1 \cdot 10^6$ Lichtstr. $\overline{h^2}^{1/2} \cdot 10^{-3}$ [Å]	Lichtstr. α	Viskos. α	P_{l7} $M = 2{,}3 \cdot 10^6$ Lichtstr. $\overline{h^2}^{1/2} \cdot 10^{-3}$ [Å]	Lichtstr. α	Viskos. α	P_{l9} $M = 1{,}5 \cdot 10^6$ Lichtstr. $\overline{h^2}^{1/2} \cdot 10^{-3}$ [Å]	Lichtstr. α
0	1,0	2,62	1,44	1,39	2,24	1,41	1,39	1,93	1,36	1,34	1,62	1,32	1,30	1,28	1,27
2,5	0,90	2,57	1,41	1,36	2,19	1,38	1,36	1,92	1,34	1,31	1,60	1,31	1,28	1,25	1,26
4,9	0,77	2,50	1,38	1,31	2,11	1,33	1,32	1,87	1,31	1,27	1,57	1,27	1,25	1,23	1,24
7,3	0,62	2,39	1,31	1,26	2,02	1,27	1,26	1,79	1,25	1,23	1,52	1,23	1,20	1,19	1,20
9,7	0,44	2,23	1,23	1,19	1,88	1,20	1,19	1,70	1,19	1,17	1,45	1,18	1,15	1,14	1,16
12,0	0,26	2,08	1,13	1,11	1,76	1,12	1,12	1,60	1,12	1,12	1,37	1,12	1,11	1,10	1,11
13,1	0,16	1,98	1,07	1,09	1,71	1,08	1,08	1,54	1,07	1,06	1,33	1,08	1,07	1,05	1,07
14,7	0	1,82	1,00	1,00	1,58	1,00	1,00	1,43	1,00	1,00	1,23	1,00	1,00	1,00	1,00

c_F	A_2	P_{unfr} $M = 2{,}6 \cdot 10^6$ Lichtstr. $\overline{h^2}^{1/2} \cdot 10^{-3}$ [Å]	Lichtstr. α	Viskos. α	A_2	P_v $M = 8{,}0 \cdot 10^6$ Lichtstr. $\overline{h^2}^{1/2} \cdot 10^{-3}$ [Å]	Lichtstr. $\overline{h^2}^{1/2}_{theor} \cdot 10^{-3}$ [Å] linear	Lichtstr. α	Lichtstr. α_{theor} linear	Viskos. α
0	1,00	1,82	1,39	1,28	0,80	3,29	3,52	1,60	1,53	1,41
2,5	0,90	1,77	1,36	—	0,74	3,22	3,43	1,56	1,49	1,36
4,9	0,77	1,73	1,33	1,24	0,67	3,14	3,34	1,52	1,45	1,31
7,3	0,62	1,65	1,26	1,21	0,58	3,00	3,15	1,46	1,37	1,25
9,7	0,44	1,57	1,20	1,15	0,44	2,83	2,90	1,35	1,27	1,19
12,0	0,26	1,46	1,12	1,11	0,26	2,54	2,67	1,22	1,16	1,12
13,1	0,16	1,41	1,08	1,07	0,16	2,37	2,53	1,14	1,10	1,07
14,7	0	1,31	1,00	1,00	0	2,07	2,30	1,00	1,00	1,00

gestellt. Mit zunehmendem A_2 steigen die Werte von $\overline{h^2}$ an, wobei die Molekülaufweitung mit steigender rel. Molekülmasse zunimmt.

In Tabelle 1 sind auch die zweiten Virialkoeffizienten angegeben, die für die linearen Proben innerhalb der

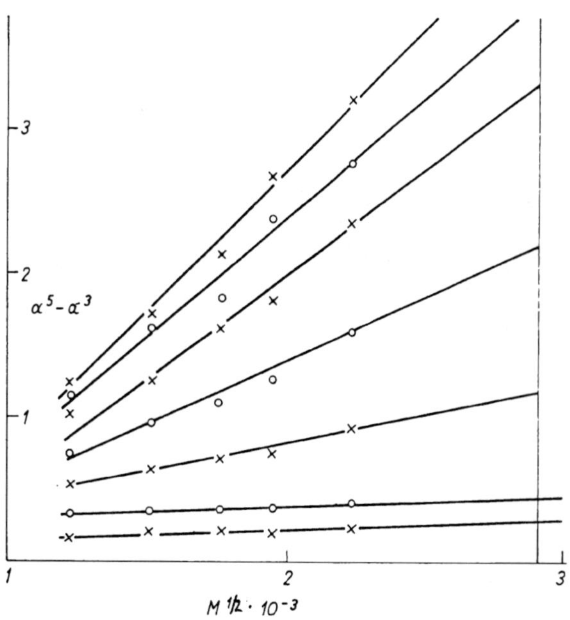

Bild 4. Abhängigkeit der rel. Molekülmasse des Expansionskoeffizienten α für die in der Tabelle angegebenen Fällungsmittelkonzentrationen

Meßgenauigkeit gleich sind, für das verzweigte Produkt aber, wie theoretisch zu erwarten, niedriger liegen. Wir fanden das θ-Gemisch erst bei einem Fällungsmittelanteil von 14,7%, während in der Literatur [16] das Verhältnis Butanon/Isopropanol = 7,95/1 angegeben wird. Das ist wahrscheinlich darauf zurückzuführen, daß bei den Verdunstungsverlusten ein etwas höherer Prozentsatz Fällungsmittel verdunstete, was von uns bei der Berechnung von c_F nicht berücksichtigt wurde. Für die weitere Auswertung und die Diskussion der Ergebnisse ist diese Frage jedoch bedeutungslos, da A_2 als Parameter für die Lösungsmittelgüte verwendet wird.

Entsprechend Gleichung (2) und (6) wurde der Ausdruck $\alpha^5 - \alpha^3$ für die in Tabelle 1 angegebenen Fällungsmittelkonzentrationen über $M^{1/2}$ aufgetragen (Bild 4), wobei sich Geraden ergeben, deren Anstieg für die θ-Lösung gleich Null ist und mit steigendem A_2 zunimmt. Die Kurven in Bild 4 wurden auf den Wert $M = 8 \cdot 10^6$ der verzweigten Probe extrapoliert und so die theoretischen α-Werte einer linearen Probe mit der gleichen rel. Molekülmasse wie die verzweigte ermittelt, die ebenfalls in Tabelle 1 angegeben sind. Sie liegen niedriger als die an P_v experimentell gemessenen, was mit den Abschätzungen der Arbeit [10] übereinstimmt.

Die Abhängigkeit des Expansionskoeffizienten α vom zweiten Virialkoeffizienten wird durch die Gleichung (5) oder (6) beschrieben. Bei der graphischen Darstellung der gemessenen α-Werte zeigte es sich, daß diese Abhängigkeit wesentlich besser durch Gleichung (5) wiedergegeben wird, während die Proportionalität $\alpha^5 - \alpha^3 \sim A_2$ weit von den experimentellen Ergebnissen abweicht. In Bild 5 ist deshalb α^2 über A_2 aufgetragen, wobei sich im Anfangsbereich Geraden ergeben. Aus den Anstiegen der Kurve für die verzweigte Probe P_v und der theoretischen Kurve für eine entsprechende lineare Kette läßt sich nach Gleichung (8) der Verzweigungsgrad abschätzen. Für den Quotienten aus den Anstiegen erhielten wir den Wert $\varkappa = 1{,}18$. Unter der Voraussetzung gleich langer Zweige ergibt sich damit ein Verzweigungsgrad von 1 bis 2 Verzweigungen pro Molekül. Eine exaktere Angabe ist infolge der Extrapolation und der Meßfehler nicht möglich. Auf die genauere Abschätzung des Verzweigungsgrades aus dem *g*-Faktor, $g = \overline{h_0^2}_{\text{verzw}}/\overline{h_0^2}_{\text{lin}}$, wird im Zusammenhang mit den Ergebnissen der Viskositätsmessungen eingegangen.

3.3. *Viskositätsmessungen*

Die Viskositätsmessungen erfolgten an den gleichen Proben wie die Lichtstreuungsmessungen. Sie wurden mit einem *Ubbelohde*-Kapillarviskosimeter mit einer OA-Kapillare bei 20 °C ausgeführt. Die Meßtemperatur wurde auf $\pm\, ^5/_{100}$ grd eingehalten. Die Auslaufzeiten lagen zwischen 100 s (für das reine Lösungsmittel) und 300 s. Die Konzentration der Lösungen variierte zwischen 0,05 und 0,3%. Die Meßergebnisse wurden nach der *Huggins*-Gleichung

$$\frac{\eta_{\text{sp}}}{c} = [\eta] + K_H\,[\eta]^2\,c + \ldots \qquad (10)$$

mit

$$\eta_{\text{sp}} = \frac{\eta_L - \eta_{LM}}{\eta_{LM}}, \qquad [\eta] = \lim_{c \to 0} \frac{\eta_{\text{sp}}}{c}$$

aufgetragen, und aus den Darstellungen wurde $[\eta]$ ermittelt. Die Kurven $\eta_{\text{sp}}/c = f(c)$ verliefen in der *Huggins*-Darstellung linear, so daß sich eine Auftragung nach *Schulz/Blaschke* erübrigte (s. Bild 6 und 7).

In Bild 8 ist die Abhängigkeit der Viskositätszahl vom zweiten Virialkoeffizienten dargestellt, wobei die Funktion $A_2 = f(c_F)$ den Lichtstreuungsdaten entnommen wurde. Mit abnehmendem A_2 nimmt die

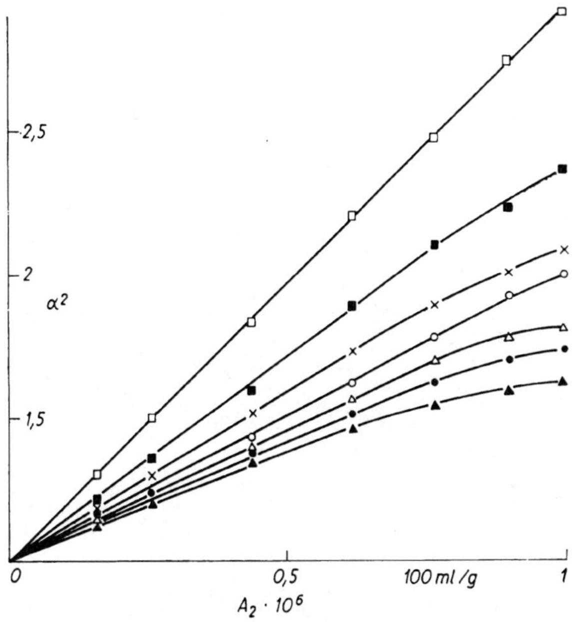

Bild 5. Abhängigkeit des Expansionskoeffizienten α vom zweiten Virialkoeffizienten (Bezeichnung wie in Bild 3, ■ — P_l ($M = M_{Pv}$))

Viskositätszahl ab, was auf die Einknäuelung der Moleküle infolge Verschlechterung des Lösungsmittels zurückzuführen ist. Nach der Theorie von *Kirkwood* und *Riseman* [17] gilt für die Viskositätszahl

$$[\eta] = \Phi_0 \cdot \overline{h^2}^{3/2}/M \qquad (11)$$

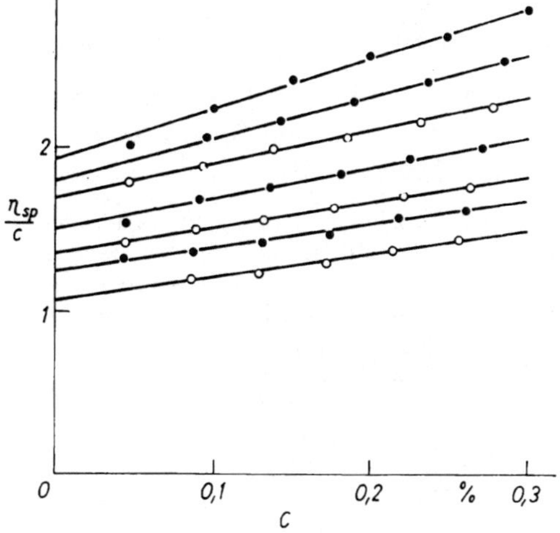

Bild 6. Konzentrationsabhängigkeit von η_{sp}/c für P_{unfr} bei verschiedenen Fällungsmittelkonzentrationen (c_F s. Tabelle 1)

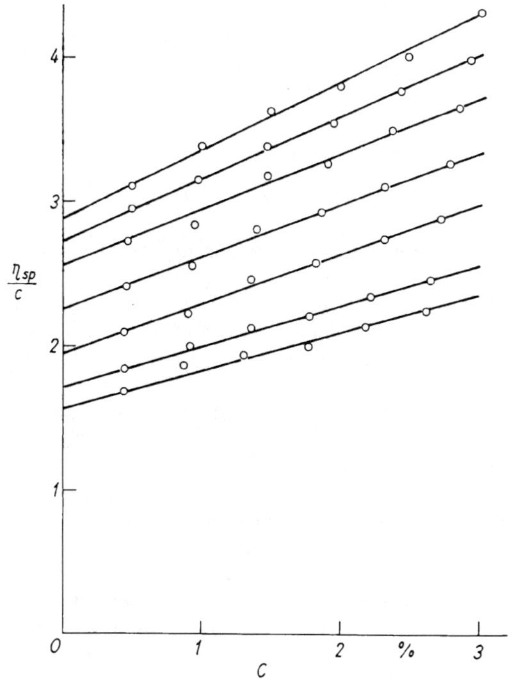

Bild 7. Konzentrationsabhängigkeit von η_{sp}/c für P_{l3} bei verschiedenen Fällungsmittelkonzentrationen (c_F s. Tabelle 1)

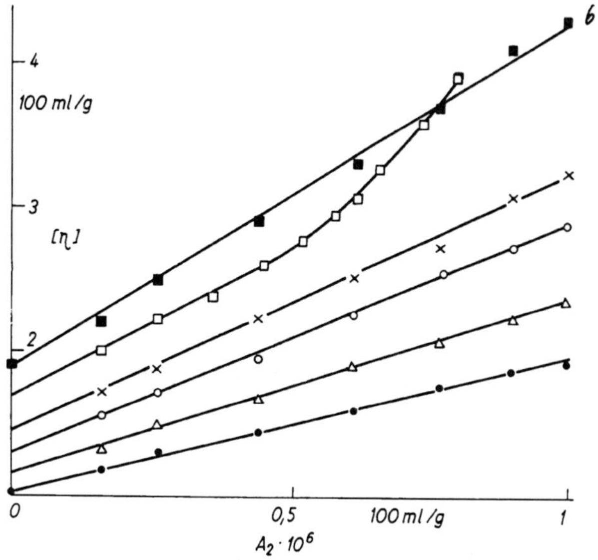

Bild 8. Abhängigkeit der Viskositätszahl vom zweiten Virialkoeffizienten (Bezeichnungen wie in Bild 3. ■ — aus der Abhängigkeit der rel. Molekülmasse der linearen Fraktionen auf $M = M(P_v)$ extrapolierte $[\eta]$-Werte)

mit $\Phi_0 = 2{,}87 \cdot 10^{21}$, wenn $[\eta]$ in 100 ml/g angegeben wird. Nach neueren Rechnungen von *Fixman* und *Pyun* [18] ergibt sich für Φ_0 der Wert $2{,}68 \cdot 10^{21}$, während nach *Hearst* [19] $\Phi_0 = 2{,}2 \cdot 10^{21}$ ist.

Setzt man $\overline{h^2} = \alpha^2 \overline{h_0^2}$, so folgt:

$$[\eta] = \Phi_0 \alpha^3 \overline{h_0^2}^{3/2}/M = [\eta]_\theta \cdot \alpha^3. \qquad (12)$$

Diese Gleichung berücksichtigt jedoch nicht den experimentellen Befund, daß der hydrodynamische Radius mit zunehmendem Volumeneffekt schwächer anwächst, als der statistische. Von *Kurata* und *Yamakawa* [20] wird zwischen α_η und α die Relation

$$\alpha_\eta^3 = \alpha^{2,43} \qquad (13)$$

angegeben. Damit erhält man:

$$[\eta] = \Phi_0 \alpha^{2,43} \cdot \overline{h_0^2}^{3/2}/M. \qquad (14)$$

Nach dieser Gleichung wurden von uns die Werte von α ermittelt, die in Tabelle 1 mit angegeben sind. Die Werte $[\eta]_\theta$ haben wir aus Bild 8 entnommen. Ein Vergleich der aus den Lichtstreuungs- und Viskositätsmessungen erhaltenen α-Werte liefert für die Fraktionen des linearen Polystyrols innerhalb der Meßgenauigkeit eine gute Übereinstimmung. Dabei ist aber die Tendenz zu erkennen, daß die aus den Viskositätszahlen bestimmten Expansionskoeffizienten kleiner sind.

Bei dem unfraktionierten Produkt liegen die Unterschiede außerhalb der Fehlergrenze. Der Effekt ist offensichtlich durch die Polydispersität der Proben bedingt. Nach *Kurata* und *Stockmayer* [21] verstärkt eine Polydispersität generell den Unterschied zwischen dem hydrodynamischen und statistischen Radius, so daß die Gleichung (3) das Verhalten eines unfraktionierten Produktes nicht richtig beschreibt. Diese Erklärung trifft wahrscheinlich auch für die Unterschiede in den α-Werten der verzweigten Probe zu, da bei der Fällungsfraktionierung eines Gemisches linearer und verzweigter Ketten die verzweigten Moleküle einer bestimmten rel. Molekülmasse infolge ihrer stärkeren Einknäuelung mit linearen Ketten höherer rel. Molekülmasse zusammen ausfallen, so daß bei dieser Probe ebenfalls eine relativ hohe Polydispersität vorliegen wird.

In Bild 8 sind auch die aus der Abhängigkeit der rel. Molekülmasse von $[\eta]$ der linearen Fraktionen auf $M = 8{,}0 \cdot 10^6$ extrapolierten $[\eta]$-Werte eingezeichnet. Man sieht, daß die Werte für die verzweigte Substanz niedriger liegen, sich aber bei Verbesserung des Lösungsmittels der extrapolierten Kurve für eine lineare Probe mit gleicher rel. Molekülmasse nähern. Ob das Schneiden der Kurven real ist, läßt sich auf Grund der Meßungenauigkeiten und der Extrapolationsfehler nicht entscheiden. Eindeutig ist, daß mit zunehmendem A_2 die Differenz zwischen den $[\eta]$-Werten einer linearen und verzweigten Probe gleicher rel. Molekülmasse abnimmt, was durch die größere Molekülaufweitung der verzweigten Moleküle bedingt ist.

4. *Diskussion der Ergebnisse*

Ein Vergleich der mit den Lichtstreuungs- und den Viskositätsmessungen erhaltenen Ergebnisse zeigt eine gute Übereinstimmung. Die bei der Variation der Lösungsmittelgüte auftretenden Effekte lassen sich mit Hilfe des *Flory*schen Expansionskoeffizienten beschreiben. Es ist jedoch darauf hinzuweisen, daß die Abhängigkeit der rel. Molekülmasse von α der Proportionalität $\alpha^5 - \alpha^3 \sim M^{1/2}$ genügt, während wir für die Abhängigkeit $\alpha = f(A_2)$ annähernd die Relation $\alpha^2 \sim A_2$ bestätigt fanden. Das entspricht aber zwei verschiedenen Molekülmodellen (vgl. Gleichung (5) und (6)). Diese Diskrepanz ist wahrscheinlich auf die Vernachlässigung der Änderung der Verteilungsstatistik bei den theoretischen Betrachtungen zurückzuführen.

In Bild 4 findet man ein Abweichen der Kurven vom geradlinigen Verlauf, das auf eine Sättigung der Molekülaufweitung hinzudeuten scheint. Dieser Effekt ist jedoch nicht echt, wie die Bestimmung der Moleküldimensionen der linearen Polystyrolfraktionen in Benzol zeigten. In Benzol fanden wir für den zweiten Virialkoeffizienten den Wert $3{,}5 \cdot 10^{-6}$ 100 ml/g und für α:

P_{l1}	P_{l3}	P_{l5}	P_{l7}	P_{l9}
$\alpha = 2{,}18$	$\alpha = 2{,}04$,	$\alpha = 1{,}96$	$\alpha = 1{,}92$	$\alpha = 1{,}90$.

Die Extrapolation der Geraden in Bild 4 auf $A_2 = 3{,}5$ liefert:

$\alpha = 2{,}24$ $\alpha = 2{,}11$ $\alpha = 2{,}03$ $\alpha = 1{,}95$ $\alpha = 1{,}90$.

Diese Werte stimmen gut überein, so daß das bei niedrigen rel. Molekülmassen auftretende Abbiegen der Kurven nicht durch eine Sättigung der Molekülaufweitung bedingt wird, sondern wahrscheinlich dadurch, daß bei Zugabe von geringen Fällungsmittelmengen zunächst stärker die Wechselwirkung zwischen den Polymermolekülen, d. h. der zweite Virialkoeffizient, beeinflußt wird, als die innermolekulare. Dafür spricht, daß dieses Verhalten bei den kompakteren Polystyrolen mit niedrigerer rel. Molekülmasse deutlicher ausgeprägt ist.

Sowohl aus den Lichtstreuungs- als auch aus den Viskositätsmessungen wurden die ungestörten Dimensionen berechnet. In Tabelle 2 sind die Werte für $\left(\overline{h_0^2}/M\right)^{1/2}$

Tabelle 2. Vergleich der aus der Lichtstreuung und der Viskosimetrie bestimmten ungestörten Moleküldimensionen

Probe	Lichtstreuung $\left(\frac{\overline{h_0^2}}{M}\right)^{1/2}$ [Å]	Viskosimetrie $\left(\frac{\overline{h_0^2}}{M}\right)^{1/2}$ [Å]
P_{l1}	0,81	0,67
P_{l3}	0,81	0,67
P_{l5}	0,81	0,67
P_{l7}	0,81	0,67
P_{unfr}	0,81	0,67
P_{v}	0,73	0,64

angegeben, die nach der Irrflugstatistik für die linearen Proben gleich sein müssen. Das bestätigt sich innerhalb eines Meßverfahrens sehr gut. Auffallend ist jedoch die Differenz, die zwischen den aus der Lichtstreuung und der Viskosität bestimmten Werten auftritt. Zur Berechnung von $(\overline{h_0^2}/M)^{1/2}$ aus der Viskosität wurde von uns schon der Wert $\Phi_0 = 2{,}2 \cdot 10^{21}$ benutzt, der die geringste Differenz liefert. Ein Vergleich mit Literaturwerten zeigt, daß der mit der Lichtstreuung ermittelte Wert mit den Ergebnissen von *Zimm* u. a. [22, 23] und der aus $[\eta]$ ermittelte mit den Angaben in [20] übereinstimmt. Dabei wurde in [20] aber für Φ_0 der Wert $2{,}68 \cdot 10^{21}$ verwendet, der in unserem Fall noch schlechtere Ergebnisse liefern würde. Die Diskrepanz läßt sich zum Teil durch eine Polydispersität der Proben erklären, die für normale Fraktionen einen Korrekturfaktor $q_z = 0{,}74$ für Φ_0 bedingt (s. [20]). Nach unseren Meßergebnissen ist jedoch der niedrigste theoretische Wert für Φ_0 am zutreffendsten.

Von uns wurde noch der Verzweigungsgrad der Probe P_v aus dem Faktor $g = \overline{h_0^2}_{\text{verzw}}/\overline{h_0^2}_{\text{lin}}$ bestimmt. Für g erhielten wir den Wert 0,81, aus dem wir nach unseren Modellrechnungen [9] einen Verzweigungsgrad von 0,8 Verzweigungen pro Molekül erhalten, wenn vorausgesetzt wird, daß die Seitenketten halb so lang wie die Grundkette sind, was für Langkettenverzweigungen real ist.

Interessant ist, welchen Fehler man begeht, wenn man die Größe $g = \overline{h^2_{\text{verzw}}}/\overline{h^2_{\text{lin}}}$ nicht in der θ-Lösung, sondern in einem guten Lösungsmittel bestimmt. Deshalb wurden die g-Faktoren für verschiedene Lösungsmittelkonzentrationen bzw. Virialkoeffizienten berechnet. Dabei ist zu beachten, daß sich die Virialkoeffizienten der linearen und der verzweigten Ketten voneinander unterscheiden, so daß man verschiedene Werte von g erhält, je nachdem, ob man die Dimensionen bei gleichen Virialkoeffizienten oder bei gleicher Fällungsmittelkonzentration miteinander vergleicht. Die Ergebnisse für g aus den Lichtstreuungsmessungen sind in Tabelle 3 zusammengestellt.

Tabelle 3. g-Faktor der verzweigten Probe in Abhängigkeit von der Lösungsmittelgüte

$A_2 \cdot 10^6$ [100 ml/g]	g bei gleichem A_2	c_F	g bei gleichem c_F
—	—	0	0,89
—	—	2,5	0,89
0,77	0,97	4,9	0,89
0,62	0,95	7,3	0,90
0,44	0,93	9,7	0,93
0,26	0,92	12,0	0,92
0,16	0,87	13,1	0,87
0	0,81	14,7	0,81

Diskutieren wir zunächst die Ergebnisse für g bei gleichen Virialkoeffizienten. Hier finden wir einen systematischen Anstieg der Werte von g bei Verbesserung des Lösungsmittels. Das entspricht der größeren Molekülaufweitung verzweigter Ketten.

Einen anderen Verlauf zeigen die g-Werte, die bei gleicher Fällungsmittelkonzentration berechnet werden. Von der θ-Lösung ausgehend, steigen die g-Werte zuerst an, werden aber bald konstant. Dieses Verhalten ist durch den geringeren Virialkoeffizienten der verzweigten Ketten bei gleicher Fällungsmittelkonzentration bedingt, der die stärkere Molekülaufweitung kompensieren kann. Der Fehler bei der Ermittlung des Verzweigungsgrades durch Messung der Moleküldimension in guten Lösungsmitteln ist demnach geringer, als häufig angenommen wird. Zumindest läßt sich das Vorhandensein einer Verzweigung durch Messung in einem guten Lösungsmittel einwandfrei nachweisen, da sich sowohl die Moleküldimensionen, als auch der zweite Virialkoeffizient von denen linearer Ketten unterscheiden. Zur exakten Bestimmung des Verzweigungsgrades ist die Kenntnis der ungestörten Dimensionen erforderlich, die man durch Variation der Lösungsmittelgüte und Extrapolation auf $A_2 = 0$ ermitteln kann.

Für die sorgfälrige Mitarbeit bei den experimentellen Untersuchungen danken wir Frau *B. Preiß*.

Zusammenfassung

Der Einfluß der Lösungsmittelgüte auf die Dimensionen von Makromolekülen in Lösung wurde an linearen Polystyrolfraktionen und einem verzweigten Polystyrol untersucht. Als Meßmethoden dienten die Lichtstreuung und die Viskosimetrie. Die Variation der Lösungsmittelgüte erfolgte durch sukzessive Zugabe von Fällungsmittel bis zur θ-Lösung (Butanon/Isopropanol).

Die aus den Lichtstreuungs- und den Viskositätsmessungen ermittelten Werte für den *Flory*schen Expansionskoeffizienten α stimmen gut überein, wenn man nach *Kurata* und *Yamakawa* $\alpha_\eta^3 = \alpha^{2,43}$ setzt und den Einfluß der Polydispersität berücksichtigt. Die Abhängigkeit der rel. Molekülmasse von α genügt der Relation $\alpha^5 - \alpha^3 \sim M^{1/2}$ und die Abhängigkeit von der Lösungsmittelgüte der Beziehung $\alpha^2 \sim A_2$.

Zwischen den aus der Lichtstreuung und den Viskositäten berechneten Werten für die ungestörten Dimensionen tritt eine Differenz auf, die bei Benutzung des kleinsten theoretischen Wertes $2{,}2 \cdot 10^{21}$ für Φ_0 in der *Kirkwood/Riseman*-Gleichung am geringsten ist. Die Diskrepanz läßt sich zum Teil durch eine Polydispersität der Proben erklären. Es sei aber darauf hingewiesen, daß sowohl der aus der Lichtstreuung, als auch der aus den Viskositäten bestimmte Wert mit einer Reihe von Literaturdaten übereinstimmen.

Der Verzweigungsgrad des verzweigten Polystyrols wurde aus den ungestörten Dimensionen und dem Unterschied in den α-Werten für eine verzweigte und eine lineare Probe gleicher rel. Molekülmasse abgeschätzt. Die Werte stimmen innerhalb der Meßgenauigkeit überein.

Eine Bestimmung der Größen $g = \overline{h^2_{\text{verzw}}}/\overline{h^2_{\text{lin}}}$ in Abhängigkeit von der Lösungsmittelgüte zeigt, daß eine exakte Ermittlung des Verzweigungsgrades durch eine Einzelmessung in einem guten Lösungsmittel nicht möglich ist.

Man hat aber die Möglichkeit, den Verzweigungsgrad ungefähr abzuschätzen, da sich die zweiten Virialkoeffizienten der linearen und der verzweigten Probe unterscheiden und außerdem die bei verzweigten Molekülen stärkere Molekülaufweitung zum Teil durch den geringeren Virialkoffizienten kompensiert wird. Eine genaue Bestimmung des Verzweigungsgrades erhält man durch Variation der Lösungsmittelgüte, die einerseits eine Extrapolation auf die θ-Dimensionen und andererseits eine Abschätzung der Verzweigung aus den α-Werten gestattet.

Literatur

[1] *Flory, P. J.:* The configuration of real polymer chains. J. chem. Physics **17** (1949) S. 303—310.
[2] *Zimm, B. H., Stockmayer, W. H.,* und *Fixman, M.:* Excluded volume in polymer chains. J. chem. Physics **21** (1953) 10, S. 1716—1723.
[3] *Fixman, M.:* Excluded volume in polymer chains. II. Osmotic pressure. J. chem. Physics **23** (1955) S. 1656 bis 1659.
[4] *Yamakawa, H.:* Theory of dilute polymer solutions. J. physic. Soc. Japan **13** (1968) S. 87—94.
[5] *Zimm, B. H.:* Application of the methods of molecular distribution to solutions of large molecules. J. chem. Physics **14** (1946) S. 164—179.
[6] *Albrecht, A. C.:* Random flight model in the theory of the second virial coefficient of polymer solutions. J. chem. Physics **27** (1957) S. 1002—1013.
[7] *Casassa, E. F.:* Statistical thermodynamics of polymer solutions. II. Excluded volume effect and second virial coefficient. J. chem. Physics **31** (1959) S. 800—808.
[8] *Zimm, B. H.,* und *Stockmayer, W. H.:* The dimensions of chain molecules containing branches and rings. J. chem. Physics **17** (1949) S. 1301—1314.
[9] *Dautzenberg, H.,* und *Ruscher, Ch.:* Zur Lichtstreuung an Lösungen verzweigter Makromoleküle. III. Verschiedene Verzweigungsmodelle. J. Polymer Sci., C: Polymer Symposia **16** (1967) S. 2913—2921.
[10] *Kron, A. K.,* und *Pticyn, O. B.:* Die Dimensionen verzweigter Makromoleküle in guten Lösungsmitteln. Vysokomol. Soed. (Hochmol. Verbind.) **5** (1963) S. 397 bis 404.
[11] *Casassa, E. F.:* Statistical thermodynamics of polymer solutions. III. The second virial coefficient for branched star molecules. J. chem. Physics **37** (1962) S. 2176 bis 2181.
[12] *Casassa, E. F.:* Statistical thermodynamics of polymer solutions. IV. The second virial coefficient for comblike branched molecules. J. chem. Physics **41** (1964) S. 3213—3220.
[13] *Houben-Weyl:* Methoden der organischen Chemie: Makromolekulare Stoffe, Bd. 1, S. 71 ff.
[14] *Huglin, M. B.:* Specific refractive index increments of polymer solutions. Part I. Literature values. J. appl. Polymer Sci. **9** (1965) S. 3963—4001.
[15] *Benoit, H.:* On the effect of branching and polydispersity on the angular distribution of the light scattered by Gaussian coils. J. Polymer Sci. **11** (1953) S. 507—510.
[16] *Elias, H. G.:* Konstitution und Lösungseigenschaften von Makromolekülen. I. Ermittlung von θ-Lösungen. Makromol. Chemie **50** (1961) S. 1—19.
[17] *Kirkwood, J. G.,* und *Riseman, J.:* The intrinsic viscosities and diffusion constants of flexible macromolecules in solution. J. chem. Physics **16** (1948) S. 565 bis 573.
[18] *Pyun, C. W.,* und *Fixman, J.:* Intrinsic viscosity of polymer chains. J. chem. Physics **42** (1965) S. 3838 bis 3844.
[19] *Hearst, J. E.:* Intrinsic viscosity of stiff-chain macromolecules. J. chem. Physics **40** (1964) S. 1506—1509.
[20] *Kurata, M.,* und *Yamakawa, H.:* Theory of dilute polymer solutions. II. Osmotic pressure and friction properties. J. chem. Physics **29** (1958) S. 311—325.
[21] *Kurata, M.,* und *Stockmayer, W. H.:* Intrinsic viscosity and unperturbed dimensions of long chain molecules. Fortschr. der Hochpolymeren-Forschung, Band 3, S. 232 ff., Berlin/Göttingen/Heidelberg: Springer 1961 —1964.
[22] *Outer, P., Carr, C. I.,* und *Zimm, B. H.:* Light scattering investigation of the structure of polystyrene. J. chem. Physics **18** (1950) S. 830—839.
[23] *Zimm, B. H.:* Apparatus and methods for measurement and interpretation of the angular variation of light scattering; preliminary results on polystyrene solutions. J. chem. Physics **16** (1948) S. 1099—1116.

Eingegangen am 7. März 1969

Faserforschung und Textiltechnik 20 (1969) Heft 9

Rheologische Untersuchungen an Spinnlösungen

5. Mitt.: Zum Fließverhalten von Viskosespinnlösungen hoher Viskosität

Karl Wulf und Burkhart Philipp

Deutsche Akademie der Wissenschaften zu Berlin, Institut für Faserstoff-Forschung in Teltow-Seehof

DK 677.463.021.3:677.463.021.319.5:532.13:532.135

Es wird über das Fließverhalten in langen und kurzen Kapillaren bzw. Düsen von Viskosespinnlösungen berichtet, deren Anfangsviskositäten durch Änderung unterschiedlicher chemischer Herstellungsparameter eingestellt wurden.

Реологические исследования прядильных растворов

Сообщ. 5-е: К реологии высоковязких вискозных прядильных растворов

Сняты кривые течения вискозных прядильных растворов в длинных и коротких капиллярах, а также при истечении через фильеры. Исходная вязкость растворов варьировалась при помощи изменения химических параметров получения растворов.

Rheological Investigations of Spinning Solutions

5th Comm.: Rheological Characteristics of Viscose Spinning Solutions of high Viscosity

The rheological behaviour of viscose spinning solutions in long and short capillaries and spinnerets has been investigated. The initial viscosity values were controlled by varying the chemical parameters of viscose preparation.

1. *Einführung*

In unseren früheren Mitteilungen [1 bis 4] hatten wir bereits darauf hingewiesen, daß Spinnlösungen und Spinnschmelzen faserbildender Hochpolymerer auch heute noch ein lohnendes Objekt rheologischer Untersuchungen darstellen, sowohl im Hinblick auf die Vervollkommnung der Meß- und Auswertemethodik als auch für systematische Arbeiten zur Aufklärung der Zusammenhänge zwischen den Herstellungsparametern solcher Lösungen und Schmelzen und ihrem rheologischen Verhalten. Bei unseren bisherigen Veröffentlichungen über rheologische Messungen an Viskosespinnlösungen [1, 2, 3] hatte die methodische Seite im Vordergrund gestanden. In der hier vorliegenden Arbeit wird aus den zahlreichen noch offenen Fragen zum Einfluß der einzelnen chemischen Parameter auf das Fließverhalten des so außerordentlich variationsfähigen Systems „Viskose" ein Problem zur systematischen Untersuchung herausgegriffen, das vor allem im Zusammenhang mit der Modalfaserherstellung interessant erschien, nämlich das Fließverhalten von Viskosen hoher bis sehr hoher Anfangsviskosität („Hoch-η-Viskosen"). Hierbei sollte diese hohe Anfangsviskosität durch Änderung unterschiedlicher chemischer Herstellungsparameter eingestellt werden, und zwar 1. durch Erhöhung des DP, 2. durch Erhöhung der Cellulosekonzentration und 3. durch Senkung des NaOH-Gehaltes, wobei dann zu ermitteln war, inwieweit sich bei etwa gleicher, auf verschiedene Weise eingestellter Anfangsviskosität η_0 Unterschiede im Fließverhalten bei höherer Schubspannung zeigen. Die uns bisher über „Hoch-η-Viskosen" bekannt gewordenen Publikationen von *Centola* [5, 6] und von *Asaeda* [7] geben hierüber kaum Informationen, da bei ersterer die Frage der Thixotropie bzw. Hysterese beim Fließvorgang, bei letzterer der Zusammenhang zwischen Fließverhalten und technischem Spinnprozeß im Vordergrund stand.

2. *Versuchsmethodik*

2.1. *Herstellung und Vorbereitung der Viskoselösungen*

Die Viskosespinnlösungen wurden meist in Ansätzen von 15 bis 20 l im Institutstechnikum, zum Teil auch im 1,5 l-Maßstab in einer Laboranlage nach *Treiber*, nach dem klassischen Verfahren bei einem CS_2-Einsatz von 40% hergestellt, und zwar unter Verwendung eines heißveredelten Fichtensulfitzellstoffs („Modocord extra" der Mo och Domsjö AB, Schweden). Da für die Messungen an einem Ansatz im allgemeinen drei Arbeitstage erforderlich waren, wurden die Viskosen unmittelbar nach dem Lösen auf drei Gefäße verteilt und bei Temperaturen zwischen +2 und +4°C im Kühlschrank gelagert. Jeweils 24 h vor der Messung wurde dann auf 20°C temperiert und bei dieser Temperatur gereift. Auf diese Weise wurde der Reifezustand während des ganzen Versuchszeitraumes weitgehend konstant gehalten, nachdem unsere früheren Untersuchungen [1] bereits ergeben hatten, daß geringe Schwankungen im Nachreifezustand das rheologische Verhalten kaum beeinflussen und hierfür in erster Linie die Anfangsviskosität maßgebend ist. Diese war innerhalb einer Charge während des Meßzeitraumes nur recht geringen Änderungen unterworfen, so z. B. von 108 P am ersten Meßtag bis 114 P am vierten Meßtag. Der γ-Wert der einzelnen Chargen lag während der Messungen zwischen 55 und 45. Tabelle 1 gibt einen Überblick über die zu unseren Messungen herangezogenen Viskosen.

Tabelle 1. Analysendaten der verwendeten Viskosen

Versuch Nr.	Cuoxam-DP	Cellulosegehalt [%]	Gesamtalkaligehalt [%]	Sekunden*) Kugelfall	η_0*) [P]
I A	403	6,45	5,94	41	52
I B	473	6,48	6,05	60	75
I C	518	6,52	5,96	92	112
I D	683	6,63	6,11	(930)	1150
I E	765	6,68	6,24	2070	2600
II A	412	5,99	5,93	18	21,5
II B	383	7,91	5,84	83	108
II C	411	7,99	5,92	87	110
II D	402	9,90	5,42	362	(447)
II E	447	10,80	6,02	1752	2220
III	676	6,53	3,55	2127	2600
IV	533	8,10	4,95	820	1000

*) Eingeklammerte Werte nach der Beziehung η_0 [P] = Kugelfallsekunden × 1,238 (vgl. [8]) errechnet.

[1]) 4. Mitt. s. [4].

Schwerpunkte unserer Arbeiten waren die „DP-Reihe" Versuche I A bis I E und die „Konzentrationsreihe" Versuche II A bis II E. Versuch III sollte im Vergleich zu Versuch I D den Einfluß eines verringerten Alkaliverhältnisses auf das Fließverhalten klären. In Versuch IV wurde eine „Polynosic-Viskose" mit höherem DP, hohem Cellulose- und niedrigem Alkaligehalt untersucht.

2.2. Durchführung und Auswertung der rheologischen Messungen

Für unsere rheologischen Messungen benutzten wir einen selbstgebauten „Drucktopf", ein von uns modifiziertes Strukturviskosimeter nach *Umstätter* [1, 2, 9], das Rotationsviskosimeter „Rheotest" [VEB Prüfgerätewerk Medingen, Sitz Freital) und ein konventionelles Kugelfallrohr [8]. Der für den „Drucktopf" und das Strukturviskosimeter erforderliche und einer Druckgasflasche (Stickstoff, 150 at) entnommene Gasdruck wurde mit einer von *Kirschke* [10] beschriebenen Anlage geregelt. Da vor allem das Fließverhalten bei höherem Schergefälle interessierte, mußte überwiegend mit dem „Drucktopf" gearbeitet werden. Das Rotationsviskosimeter, das Kugelfallrohr und das Strukturviskosimeter lieferten die Meßwerte des Anfangs- bzw. des mittleren Bereichs der Fließkurven. Der aus korrosionsbeständigem Stahl bestehende zylindrische „Drucktopf" (Bild 1) faßt ca. 150 cm³ Lösung und hat einen inneren Durchmesser von 4 cm, der sich im unteren Teil des Gefäßes auf 2 cm verringert. In den Boden des „Drucktopfes" können sowohl Düsenplatten als auch lange, zusätzlich temperierbare Kapillaren eingesetzt werden. Die Polymerlösung fließt bei vorgegebenem konstantem Druck frei aus der Düse bzw. Kapillare heraus, wird im Bereich der Austrittsöffnung fotografiert und in einem Becherglas aufgefangen. Die in einem bestimmten Zeitintervall bei konstantem Druck ausgeflossene und durch fortlaufende Wägung ermittelte Masse ist dann der Volumengeschwindigkeit proportional.

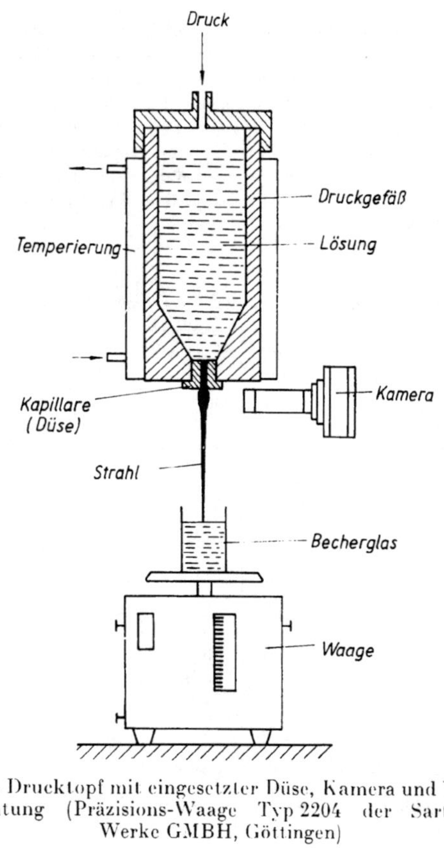

Bild 1. Drucktopf mit eingesetzter Düse, Kamera und Wägeeinrichtung (Präzisions-Waage Typ 2204 der Sartorius-Werke GMBH, Göttingen)

Tabelle 2: Längen/Radius-Verhältnisse der verwendeten Düsen

Kapillardurchmesser [cm]	Längen/Radius-Verhältnis				
0,025	—	34,43	19,71	4,22	—
0,05	370	38	20	4	2,24
0,08	—	40,4	20,08	3,69	—

Neben 10 cm langen Glaskapillaren mit einem Durchmesser von 0,054 cm (KPG-Rohre) setzten wir Einloch-Düsenplatten aus Edelstahl[2]) mit einem Durchmesser von etwa 0,05 cm als Kapillaren mit kleinem Längen/Radius-Verhältnis (2,24:1 bis 40:1) ein. Bei einigen Versuchen wurden zusätzlich zwei weitere Serien von Düsenplatten mit den Durchmessern von 0,025 cm bzw. 0,08 cm verwendet.

Die Längen/Radius-Verhältnisse der Düsen sind in Tabelle 2 angegeben. Aus den unmittelbaren Meßwerten, d. h. den Druckwerten P und den Volumengeschwindigkeiten Q sowie den Abmessungen der Kapillaren (Länge L und Radius R) werden folgende Größen gebildet:

$$D = \frac{4\,Q}{R^3},\ \mathrm{s}^{-1} \quad \text{(mittleres Schergefälle)} \tag{1}$$

und

$$\tau = \frac{R \cdot P}{2\,L} - m \cdot \varrho \cdot \frac{R^3 D^2}{32},\ \mathrm{dyn \cdot cm^{-2}} \tag{2}$$

(maximale Wandschubspannung).

In Gleichung (2) entspricht der Subtrahend in erster Näherung dem durch die kinetische Energie bedingten Energieverlust:

$$E_{\text{kin}} = m\varrho\,\bar{v}^2 = m \cdot \varrho \cdot \frac{R^3 D^2}{32};$$

der Faktor m wurde gleich 1 gesetzt. Für ϱ ist der Wert für die Dichte der Lösung einzusetzen.

Zur Auswertung kann das Schergefälle D in konventioneller Weise in beiderseits logarithmisch geteiltes Koordinatenpapier gegen die Schubspannung τ aufgetragen werden. Wir hielten es bei den vorliegenden Untersuchungen jedoch für angebracht, die oben definierten D- und τ-Werte außerdem in linear geteiltes Koordinatenpapier — abschnittsweise für jede Zehner-Potenz von D mit Überlappungen — einzutragen und durch die Meßwerte eine Kurve zu zeichnen. Für alle Viskoselösungen bzw. alle Kapillaren und Düsen erhielten wir bei dieser Auftragung stetig ansteigende Kurven, die schließlich im oberen Schergefällebereich, d. h. im Bereich $1 \cdot 10^5 \leqq D \leqq 5 \cdot 10^5$ praktisch linear verlaufen, so daß hier mittels Ausgleichsrechnung die beste Gerade berechnet werden konnte. Aus den so gezeichneten bzw. berechneten Kurven wurden über den gesamten Schergefällebereich bei jeweils festgelegten D-Werten die entsprechenden τ-Werte abgelesen bzw. berechnet und diese Wertepaare zum besseren Vergleich der einzelnen Lösungen und deren Fließkurven untereinander bzw. als Ausgangswerte für weitere Berechnungen tabelliert.

Im *Newton*schen Bereich der Fließkurven ist der Quotient τ/D die Anfangsviskosität η_0, im nicht-*Newton*schen Bereich ist er die scheinbare oder effektive Viskosität η'. Zum Vergleich der mit langen Kapillaren erhaltenen Fließkurven von Spinnlösungen sehr unterschiedlicher Anfangsviskositäten η_0 wurden „reduzierte Darstellungen" gewählt: $\log \eta'/\eta_0$ gegen $\log D \cdot \eta_0$ [11] und $\log D \cdot \eta_0$ gegen $\log \tau$.

Mit kürzer werdenden Kapillaren bzw. kleinerem L/R-Verhältnis der Düsen fächern die Fließkurven auseinander.

[2]) Für die Sonderanfertigung der Düsenplatten sind wir dem VEB Spinndüsenwerk Gröbzig, insbesondere Herrn Direktor *Lochelfeld*, zu großem Dank verpflichtet.

d. h., der zu einem bestimmten Schergefälle D zugehörige τ-Wert ist um so größer, je kürzer die Kapillare ist. Damit läßt sich der beim Fließvorgang der Viskose auftretende viskoelastische Energieanteil annähernd berechnen, wenn man nach *Bagley* [12] für D = const. die Druckwerte P gegen L/R aufträgt. Der Ordinatenabschnitt der erhaltenen „Geraden" ist dann gleich der Summe von „geometrischer" und „elastischer" Druckkorrektur [13, 14], während der (negative) Abszissenabschnitt die sog. „Endkorrektur" e darstellt [15, 16].

Die fotografisch festgehaltene Strahlaufweitung wurde fotometrisch ausgewertet und in die „relative Querschnittsaufweitung" $(r/R)^2$ umgerechnet, wobei $2r$ der Durchmesser des Strahls annähernd an der Stelle seiner größten Aufweitung ist.

3. *Ergebnisse und ihre Auswertung*

3.1. *Messungen mit langen Kapillaren*

Wie allgemein bekannt [17], nimmt die Viskosität einer Viskoselösung etwa mit der 8. Potenz sowohl des DP als auch der Cellulosekonzentration zu. Aus unseren Meßreihen I und II ergab sich für die Anfangsviskosität η_0 ein Anstieg mit etwa der 6,7. Potenz des DP und etwa der 6,5. Potenz der Konzentration. Eine entsprechend diesen Exponentialbeziehungen vorgenommene Auftragung von $\log \eta_0$ gegen log DP bzw. $\log c$ erlaubte im untersuchten Bereich eine bessere Linearisierung der Meßwerte als die von uns zur Erfassung der Konzentrationsabhängigkeit der Viskosität 10- bis 20%iger Polyacrylnitrillösungen benutzte halblogarithmische Darstellung $\ln \eta_0 = \ln A + B \cdot c$. Nimmt man jedoch unter Zugrundelegung dieses Ansatzes $\eta_0 = A \cdot e^{B \cdot c}$ auch bei Viskose eine Abschätzung des Exponenten B vor, so ergeben sich mit Werten zwischen 0,35 und 0,40 keine signifikanten Abweichungen gegenüber ca. 0,40 bei Polyacrylnitrillösungen (vgl. [4]). Eine Gegenüberstellung der η_0-Werte der Viskosen ID und III zeigt deutlich den bekannten starken Einfluß der NaOH-Konzentration auf die Viskosität, indem bei annähernd gleicher Cellulosekonzentration und fast gleichem DP bei Verringerung der NaOH-Konzentration von 6,1% auf 3,55% (Abnahme des Alkaliverhältnisses von 0,92 auf 0,54) die Anfangsviskosität auf mehr als das Doppelte ansteigt.

Der Übergang vom *Newton*schen zum strukturviskosen Fließen erfolgt bei Geschwindigkeitsgefällen zwischen etwa 1 und 100 s^{-1}, wobei dieser Wert für D in erster Näherung proportional $1/\eta_0$ ist. Bei den Viskosen IE, IIE und III, die sämtlich Anfangsviskositäten über 2000 P aufweisen, ist der Übergang vom *Newton*schen zum strukturviskosen Fließen nicht exakt definierbar, da bei niedrigen D-Werten sich eine Art „pseudoplastisches Fließen" mit einem „yield point" bei $\tau \approx 100$ dyn cm^{-2}, d. h. ein Beginn der Verformung mit endlichem Geschwindigkeitsgefälle erst oberhalb einer bestimmten Schubspannung andeutet, ähnlich wie dies *Centola* u. Mitarb. [5, 6] bei einigen Viskosen hoher Anfangsviskosität beobachteten. Wie bereits erwähnt, ergibt die lineare Auftragung der durch Gleichung (1) und (2) festgelegten D- und τ-Werte eine stetig steigende Kurve, die im Bereich $1 \cdot 10^5 \leqq D \leqq 5 \cdot 10^5\ s^{-1}$ schließlich für alle Viskosespinnlösungen praktisch linear verläuft, unabhängig von der verwendeten Kapillare bzw. Düse. Ein Bereich konstanter Endviskosität, d. h. ein sog. „2. *Newton*scher Bereich" wurde in keiner unserer Meßreihen erreicht. Zu der von uns und anderen Autoren [18, 19, 20] schon viel diskutierten Frage des Wendepunktes bei doppeltlogarithmischer Auftragung der Fließkurve ist aus unseren Meßreihen festzustellen, daß ein solcher Wendepunkt nur für Viskosen hohen Polymerisationsgrades bei Schergefällen von etwa $2 \cdot 10^5\ s^{-1}$ erreicht werden kann. Jedoch messen wir diesem Wendepunkt im $\log D$- $\log \tau$-Diagramm keine physikalische Bedeutung zu, wie in einer anderen Arbeit von uns [18] gezeigt wurde.

Wesentliche Unterschiede ergeben sich zwischen Viskosen hoher, annähernd gleicher Anfangsviskosität im Bereich hoher Schubspannungen, wenn man η_0 einmal über den DP, zum anderen über die Konzentration einstellt. Wie die reduzierte Darstellung nach *Vinogradov* [11] in Bild 2 ausweist, nimmt die relative scheinbare Viskosität η'/η_0 mit steigendem Wert von $D \cdot \eta_0$ bei DP-Erhöhung zunehmend steiler ab, während bei Einstellung eines annähernd gleichen η_0 über die Konzentration der Cellulose der Kurvenverlauf wesentlich flacher ist. Die stärkere Abnahme der scheinbaren Viskosität mit steigender Schubspannung bei DP-Erhöhung im Vergleich zu einer entsprechenden Erhöhung

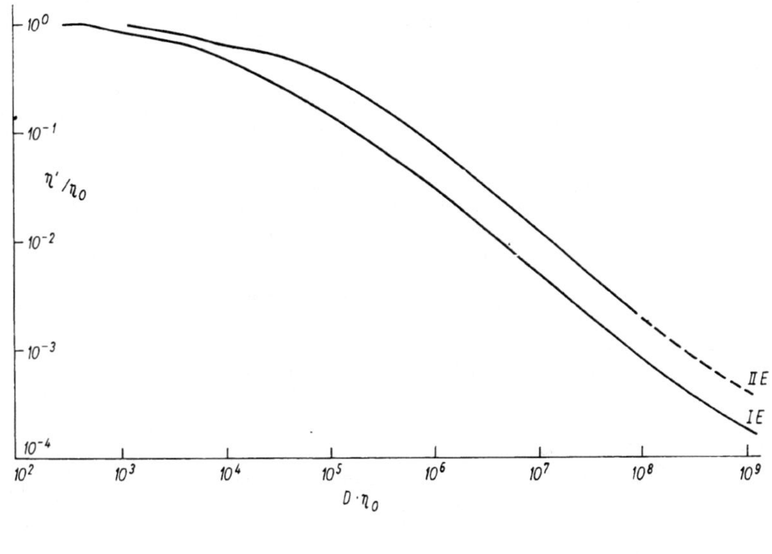

Bild 2. Fließkurvendarstellung nach *Vinogradov* u. a. [11]

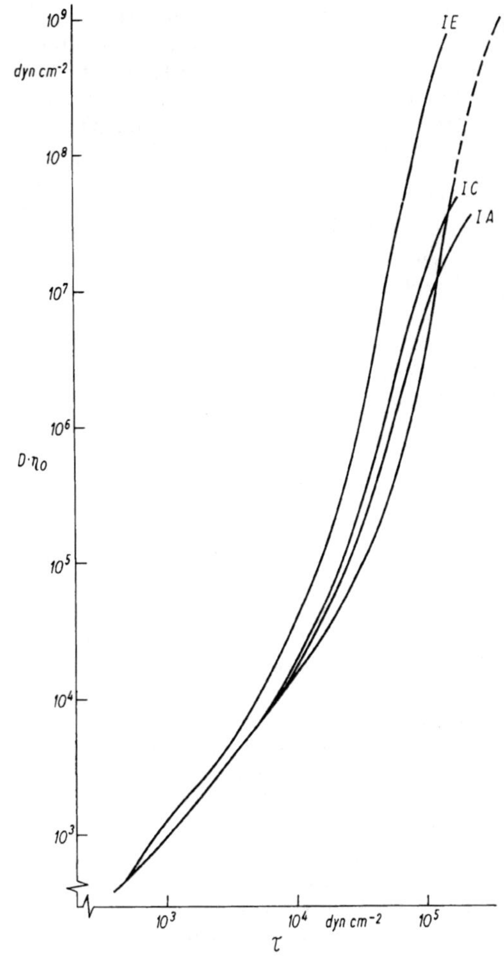

Bild 3. $\log D \cdot \eta_0 - \log \tau$-Auftragung; DP — Reihe (I). Zum Vergleich ist Versuch IIE mit eingezeichnet.

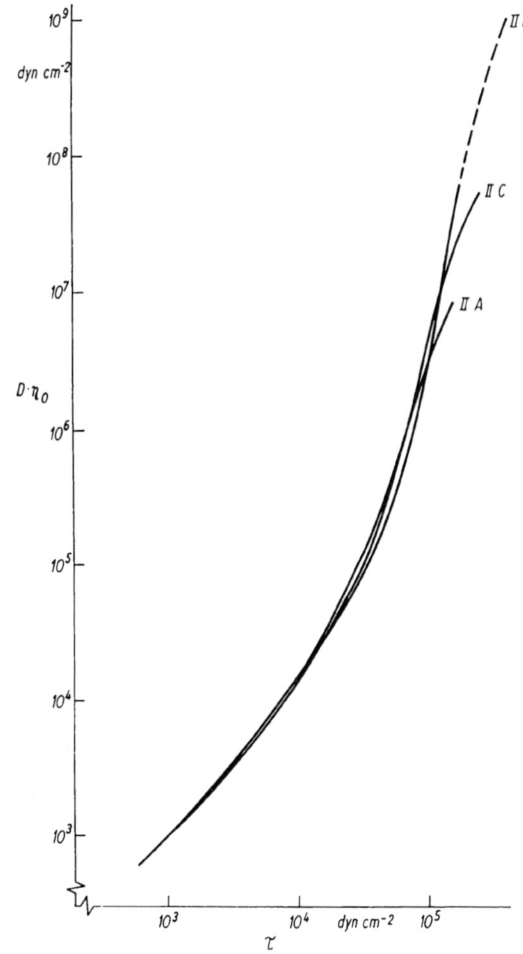

Bild 4. $\log D \cdot \eta_0 - \log \tau$-Auftragung; Konzentrations-Reihe (II)

von η_0 über die Cellulosekonzentration zeigt sich auch im unterschiedlich steilen Verlauf der Kurven bei „reduzierter doppeltlogarithmischer" Auftragung nach Bild 3 und 4. Während die Kurven der „DP-Reihe" (Viskosen IA bis IE) im Schubspannungsbereich zwischen 10^4 und 10^5 dyn cm^{-2} stark auseinanderfächern und mit zunehmendem DP immer steiler verlaufen, sind bei der „Konzentrationsreihe" (Viskosen IIA bis IIE) diese Unterschiede recht gering, so daß die hier gewählte Darstellungsweise geeignet erscheint, in Form einer „master-Kurve" den Einfluß der Cellulosekonzentration auf das Fließverhalten von Viskosen mit sonst annähernd gleichen chemischen Parametern in einem weiten Schubspannungsbereich näherungsweise zu erfassen bzw. vorauszusagen. Bei einer Erhöhung der Anfangsviskosität durch Senkung der NaOH-Konzentration (Viskose III im Vergleich zu ID) verläuft die reduzierte Fließkurve ebenfalls viel steiler als bei entsprechender Erhöhung der Cellulosekonzentration, und sogar noch etwas steiler als bei DP-Erhöhung bis zum gleichen η_0.

Zur zahlenmäßigen Charakterisierung des Fließverhaltens unserer Viskosen bei hoher Schubspannung ermittelten wir die scheinbare Viskosität bei einer Schubspannung von $1{,}5 \cdot 10^5$ dyn cm^{-2} und den Zusammenhang zwischen D und τ für $D > 1{,}0 \cdot 10^5$ s^{-1} unter Voraussetzung einer linearen Beziehung (vgl. [18]) zwischen beiden Größen (Tabelle 3).

Tabelle 3. Scheinbare Viskosität bei $\tau = 1{,}5 \cdot 10^5$ dyn cm^{-2} und Zusammenhang zwischen Geschwindigkeitsgefälle und Schubspannung für Viskosen im Bereich $D > 10^5$ dyn cm^2

Versuch Nr.	η' [P] für $\tau = 1{,}5 \cdot 10^5$ dyn cm^{-2}	Gleichung der Geraden für den Zusammenhang zwischen D und τ
I A	0,45	$D = -3{,}29 \cdot 10^5 + 4{,}42\tau$
B	0,43	$D = -3{,}48 \cdot 10^5 + 4{,}63\tau$
C	0,45	$D = -3{,}62 \cdot 10^5 + 4{,}66\tau$
D	0,49	$D = -3{,}43 \cdot 10^5 + 4{,}35\tau$
E	0,54	$D = -3{,}49 \cdot 10^5 + 4{,}19\tau$
II A	0,39	$D = -3{,}27 \cdot 10^5 + 4{,}76\tau$
B	0,79	$D = -3{,}32 \cdot 10^5 + 3{,}48\tau$
C	0,92	$D = -3{,}29 \cdot 10^5 + 3{,}28\tau$
D	4,05	$D = -4{,}19 \cdot 10^5 + 2{,}76\tau$*)
E	11,72	$D = -5{,}61 \cdot 10^5 + 2{,}52\tau$*)
III	0,44	$D = -4{,}36 \cdot 10^5 + 5{,}18\tau$
IV	1,14	$D = -3{,}85 \cdot 10^5 + 3{,}45\tau$

*) Erhalten durch rechnerische Extrapolation unter Verwendung von Endkorrekturwerten kürzerer Kapillaren

Während bei der Versuchsreihe I bei $\tau = 1{,}5 \cdot 10^5$ dyn cm^{-2} eine scheinbare Viskosität von etwa 0,5 P erreicht war, die sich mit steigendem DP (und damit steigender Anfangsviskosität) nur wenig änderte (geringfügige Zunahme etwa entsprechend $\eta' \cong \mathrm{DP}^{0,3}$), stieg bei Versuchsreihe II die scheinbare Viskosität mit der Cellulosekonzentration steil an, etwa entsprechend $\eta' \cong c^{5,7}$, also nach ungefähr dem gleichen Potenzgesetz wie die Anfangsviskosität η_0. Der η'-Wert für Viskose III (niedrige NaOH-Konzentration) fügt sich zwanglos in die Serie I, der von Viskose IV (höherer DP bei hoher Cellulosekonzentration) in die Serie II ein. Auch für den linearen Zusammenhang zwischen D und τ bei hohem Schergefälle ergeben sich charakteristische Unterschiede zwischen „DP-Reihe" und „Konzentrationsreihe", sowohl im Richtungsfaktor der Geraden als auch im Betrag des durch deren Schnittpunkt mit der Abszisse (τ-Achse) bestimmten Abszissenabschnitts (vgl. Tabelle 3). Während bei der „DP-Reihe" Steilheit der Geraden und Abszissenabschnitt mit steigendem η_0 kaum variieren, nimmt bei der Konzentrationsreihe mit steigendem η_0 der Richtungsfaktor erheblich ab, der Abszissenabschnitt zu. Stellt man etwa die gleiche hohe Anfangsviskosität von ca. 2000 P ein, einmal durch Erhöhung der Cellulosekonzentration, zweitens durch DP-Erhöhung und schließlich drittens durch Senkung der NaOH-Konzentration, so verlaufen die Geraden in der gesamten Reihenfolge zunehmend steiler.

3.2. Messungen mit kurzen Kapillaren unterschiedlichen Längen/Radius-Verhältnisses

Mit abnehmendem Längen/Radius-Verhältnis L/R der Kapillare verlaufen die Fließkurven in D-τ-Darstellung vor allem bei hoher Schubspannung mit immer geringerer Neigung, d. h. es ist mit abnehmendem L/R eine immer höhere Schubspannung erforderlich, um ein bestimmtes Geschwindigkeitsgefälle und damit eine bestimmte Ausflußgeschwindigkeit zu erreichen [18]. Zur quantitativen Auswertung gingen wir von dem üblichen *Bagley*-Diagramm, d. h. einer Auftragung des Gesamt-Druckabfalles P bei konstantem D gegen L/R aus und erhielten dabei für unsere Kapillaren mit $R \approx 0{,}5$ mm den Ordinatenabschnitt ΔP_{el}^0 und die sog. „Endkorrektur" e (vgl. Bild 5). Dabei entspricht ΔP_{el}^0 der Summe des bei der Einlaufströmung in die Kapillare dissipierten („sog. Einlaufkorrektur") und des beim Fließvorgang als elastische Arbeit gespeicherten Energieanteils [12 bis 16]. Von *Klein* und *Fusser* [21] wurde kürzlich darauf hingewiesen, daß die am Kapillareinlauf, d. h. für $L/R \to 0$ erhaltene elastische Verformung (ΔP_{el}^0) keinesfalls dem unter den gegebenen Bedingungen sich in einer langen Kapillare einstellenden Gleichgewichtswert entsprechen muß, sondern um ein Vielfaches darüber liegen kann, indem ein wesentlicher Teil dieser elastischen Verformung bereits in einer genügend langen Kapillare relaxieren kann und der zugehörige Energieanteil dabei über ein rein viskoses Fließen als Wärme dissipiert wird. Ohne auf die von *Klein* und *Fusser* [21] erörterten und z. T. noch offenen Fragen dieser „Relaxation innerhalb der Kapillare" näher einzugehen, kann aus dem für unsere Viskosen typischen Bild folgendes geschlossen werden:

1. Viskoselösungen entsprechen offensichtlich dem von *Klein* und *Fusser* [21] diskutierten und im System Polyisobutylen/Toluol verwirklichten Fall $\Delta P_{el}^0 > \Delta P_{el}^{\mathrm{Gleichgew}}$ (Fall „c" der genannten Veröffentlichung), denn der Meßpunkt für unsere 10 cm lange Kapillare ($L/R = 370$) lag für $D \leqq 2 \cdot 10^5$ stets signifikant oberhalb der aus den Meßpunkten bei kleinen L/R erhaltenen *Bagley*-Geraden (Düsen mit dem Durchmesser von 0,5 mm).
2. Im für den technischen Spinnprozeß interessanten L/R-Bereich zwischen 1 und 50 findet offensichtlich noch keine merkliche Relaxation der elastischen Verformung statt, denn die Meßpunkte liegen hier recht gut auf einer Geraden.
3. In einer 10 cm langen Kapillare mit $R \approx 0{,}5$ mm ($L/R = 370$) erfolgt bereits eine sehr weitgehende Relaxation und Annäherung an den Gleichgewichtswert der elastischen Verformung, der offensichtlich und in Übereinstimmung mit *Klein* und *Fusser* [21] gegenüber ΔP_{el}^0 recht gering sein dürfte, denn zwischen einer 10 cm und einer 15 cm langen Kapillare wurden früher von uns in den Fließkurven von Viskosen keine signifikanten Unterschiede mehr festgestellt. Außerdem erwies sich die Differenz „$\Delta\tau$", d. h. die Differenz zwischen den Schubspannungswerten der 0,1-cm-Düse und der 10-cm-Kapillare ($\Delta\tau = \tau_{0,1\mathrm{cm}} - \tau_{10\mathrm{cm}}$), bezogen auf ein konstantes Schergefälle D, als streng proportional der Differenz ΔP_{el}^0, was ebenfalls für ein mindestens näherungsweises Zutreffen der oben aufgestellten Behauptungen spricht.

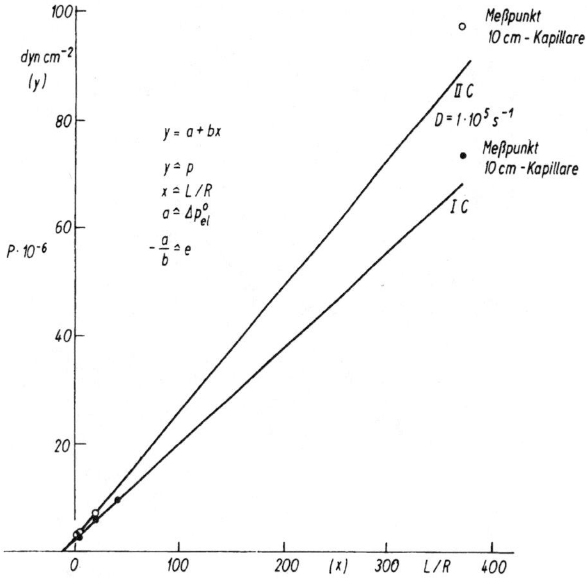

Bild 5. *Bagley*-Geraden, erhalten durch Ausgleichsrechnung mit Meßwerten von Düsenplatten, deren $L/R \leqq 40$. Außerdem ist jeweils der zugehörige Meßpunkt der 10-cm-Kapillare ($L/R = 370$) mit eingezeichnet

ΔP_{el}^0 (und damit auch $\Delta\tau$) sowie e nehmen natürlich mit steigendem D, aber auch — entsprechend dem Bild 6 — mit steigender Anfangsviskosität η_0 der Viskose zu, wobei sich wiederum ein deutlicher Einfluß der Art der Einstellung dieser Anfangsviskosität zeigt. Bei gleichem η_0 liegt ΔP_{el}^0 für die „Konzentrationsreihe"

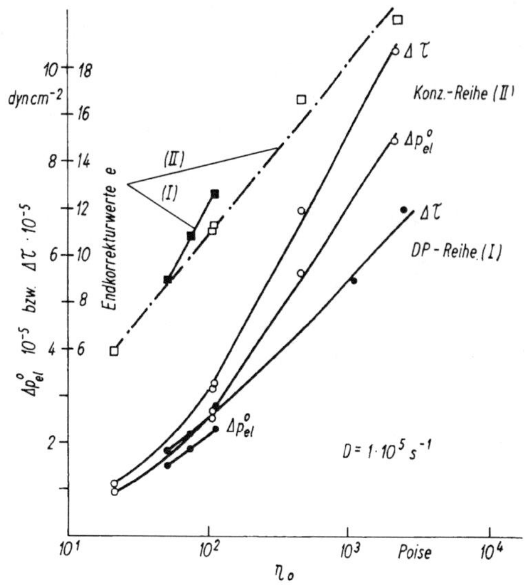

Bild 6. Δp_{el}^0 und $\Delta\tau$ sowie die Endkorrekturwerte e (vgl. Bild 5) als Funktion von $\log \eta_0$ für ein Schergefälle von $D = 1 \cdot 10^5\ s^{-1}$

(Versuch IIA bis E) deutlich höher als für die „DP-Reihe" (Versuch IA bis E), während für die Endkorrektur e bei im Prinzip ähnlichem Kurvenverlauf die Unterschiede zwischen beiden Versuchsreihen geringer sind und die Reihenfolge offensichtlich umgekehrt ist. Man könnte hieraus vielleicht vermuten, daß bei Erhöhung von η_0 über die Cellulosekonzentration der gespeicherte elastische Energieanteil stärker zunimmt als bei entsprechender Erhöhung über den DP, während die in die Endkorrektur e mit eingehende „geometrische Einlaufkorrektur" vielleicht vor allem mit einer DP-Erhöhung wächst.

Quantitative Aussagen versuchten wir für die Abhängigkeit der von uns als „$\Delta\tau$" bezeichneten und nach $\Delta\tau = b/2 - \tau_{10cm} + {}^1/_2\,(L/R)_{0.1cm} \cdot \Delta P_{el}^0$ berechneten und der damit für die elastische Anfangsdeformation aufgewandten Energie proportionalen Größe von DP und Cellulosekonzentration zu erhalten.

Wir fanden, daß für Viskosen recht unterschiedlicher Anfangsviskosität bei gegebenem D näherungsweise die Beziehungen

$$\Delta\tau = A \cdot e^{B \cdot c} \text{ bzw. } \log \Delta\tau = \log A + \frac{B}{2{,}30} \cdot c,$$

$$\Delta\tau = a \cdot \mathrm{DP}^b \text{ bzw. } \log \Delta\tau = \log a + b \log \mathrm{DP}$$

gelten, wobei Tabelle 4 Einzelwerte für die hier auftretenden Konstanten A, B, a und b für verschiedene

Tabelle 4. Zur Abhängigkeit der Größe „$\Delta\tau$" von DP und Cellulosekonzentration

D [s^{-1}]	A	B	a	b
$1 \cdot 10^4$	$1{,}3 \cdot 10^3$	0,50	0,016	2,44
$2 \cdot 10^4$	$3{,}1 \cdot 10^3$	0,46	0,1375	2,53
$5 \cdot 10^4$	$5{,}7 \cdot 10^3$	0,45	0,1735	2,23
$1 \cdot 10^5$	$8{,}3 \cdot 10^3$	0,45	0,292	2,21
$5 \cdot 10^5$	$58{,}4 \cdot 10^3$	0,36	1,124	2,20

Geschwindigkeitsgefälle wiedergibt. Die Zahlenfaktoren „A" bzw. „a" wachsen annähernd proportional dem Logarithmus des Geschwindigkeitsgefälles im Bereich $1 \cdot 10^4 < D < 1 \cdot 10^5$, während die Exponenten „B" bzw. „b" mit D nur wenig variieren und eine geringe Abnahme allenfalls als Tendenz erkennen lassen. Bei konstant vorgegebenem D ändert sich $\Delta\tau$ mit der Cellulosekonzentration wesentlich stärker als mit dem DP, wie dies bereits in der unterschiedlichen Abhängigkeit der Größe ΔP_{el}^0 und η_0 in Bild 6 zum Ausdruck kam.

Die bisher besprochenen Ergebnisse wurden mit Kapillaren unterschiedlichen Längen/Radius-Verhältnisses, aber annähernd konstantem Durchmesser von 0,5 mm erhalten. Die bei einzelnen Viskosen zusätzlich durchgeführten Messungen mit Kapillaren vom Durchmesser 0,25 bzw. 0,80 mm und unterschiedlichen Längen/Radius-Verhältnis L/R ergaben im Vergleich zu den Kapillaren mit 0,5 mm Durchmesser abweichende Fließkurven und *Bagley*-Geraden. ΔP_{el}^0 und Endkorrektur e hängen also auch vom Radius ab. Man könnte in diesem Verhalten einen Hinweis auf das von *Vinogradov* [22] für Polymerschmelzen diskutierte „Pfropfenfließen" („slip stick effect") sehen. Jedoch zeigten einige Viskosen, insbesondere die Probe III mit dem sehr niedrigen Alkaligehalt, ein abweichendes Verhalten, so daß uns das bisher vorliegende Versuchsmaterial für eine umfassende Auswertung und Deutung hinsichtlich dieses „Pfropfenfließens" noch nicht ausreichend erscheint.

3.3. *Untersuchungen zur Aufweitung des ausfließenden Strahls*

Bekanntlich weitet sich ein aus einer Düse bzw. Kapillare austretender Viskosestrahl beim Verlassen des Düsenkanals auf (vgl. [23, 24]). Diese Erscheinung wird auch in anderen Polymersystemen, sowohl Lösungen als auch Schmelzen, beobachtet und ist offensichtlich durch die beim Fließvorgang auftretende elastische Deformation des einzelnen Makromoleküls wie des gesamten Netzwerkes verursacht. Die auch als „*Barus*-Effekt" bezeichnete relative Querschnittsaufweitung B^2 (B^2 = Strahlquerschnitt/Düsenlochquerschnitt) ist um so größer, je größer das Schergefälle bzw. je kürzer die Kapillare bei festgelegtem Radius und konstantem Schergefälle ist.

Mit zunehmendem Schergefälle erreicht die Aufweitung bei Viskosespinnlösungen schließlich ein Maximum und fällt dann sehr rasch auf den Wert $B^2 \approx 1$ ab. Wie wir in dieser Arbeit wieder bestätigen konnten, hängt die Lage des Maximums der Strahlaufweitung auf der D-Achse nur vom Radius, nicht aber von der Länge der Kapillare ab:

$R = 0{,}125$ mm Maximum bei $D \approx 2 \cdot 10^5\ s^{-1}$,

$R = 0{,}25$ mm „ „ $D \approx 1 \cdot 10^5\ s^{-1}$,

$R = 0{,}40$ mm „ „ $D \approx 0{,}6 \cdot 10^5\ s^{-1}$.

Rechnet man diese Werte des Schergefälles in die dabei vorliegenden Ausspritzgeschwindigkeiten um, so ergibt sich bei allen drei Düsenserien eine annähernd gleich-Ausspritzgeschwindigkeit von $\bar{v} = 6{,}25\ m\ s^{-1}$ im Bereich des Maximums der Aufweitung.

Die Höhe des Maximums hängt von der „Verweilzeit der Lösung in der Kapillare $\bar{t} = 4L/D \cdot R$ und damit

Tabelle 5. Relative Querschnittsaufweitungen für die 10-cm- und die 0,1-cm-Kapillaren (Durchmesser etwa 0,5 mm) bei dem Schergefälle $D = 1 \cdot 10^5\ s^{-1}$ (Maxima der Aufweitungen)

Versuch Nr.	Strahlaufweitung B^2 10 cm-Kapillare	0,1 cm-Düse	
I A	(1,8) instabil	(3,4) instabil	DP ↓
I B	2,52	3,94	
I C	2,39	3,79	c = const
I D	2,30	4,4	
I E	2,82	4,52	
II A	2,77	—	c ↓
II B	2,51	3,40	
II C	2,25	3,31	DP = const
II D	1,88	3,00	
II E	instabil	instabil	
III	(2,20) instabil	(3,15) instabil	
IV	2,39	4,00	

bei vorgegebenem D vom Längen/Radius-Verhältnis der Düse ab. Außerdem scheint ein zusätzlicher Einfluß des Düsenradius selbst zu bestehen. Für die kurzen Düsen finden wir eine maximale relative Querschnittsaufweitung von etwa 3 bis 4,5. Aber auch bei den 10 cm langen Kapillaren betragen die Aufweitungen noch immer etwa 2, d. h. der Viskosestrahl war vorher in der Düse um das Drei- bis Vierfache bzw. das Zweifache gestreckt.

Wenn die Meßwerte der Strahlaufweitung auch zum Teil erheblich streuen, so liegt im Bereich $5 \cdot 10^3 \leqq D \leqq 1 \cdot 10^5$ in erster Näherung ein linearer Zusammenhang zwischen log B^2 und log D bei den einzelnen Kapillaren bzw. Düsen vor. Die Anstiegswerte dieser Geraden schwanken, ohne daß systematische Einflüsse hinsichtlich Kapillarlänge, -radius bzw. Zusammensetzung der Viskosespinnlösungen erkennbar sind, zwischen 0,08 und 0,20 mit einer Häufung (10 von 38 Werten) zwischen 0,13 und 0,15.

Eine unterschiedliche Einstellung einer bestimmten Anfangsviskosität der Viskosespinnlösungen macht sich in qualitativer wie in quantitativer Hinsicht beim Ausfließen aus den Düsen bemerkbar. Bei der „DP-Reihe" erhält man im allgemeinen gut und glatt ausfließende Strahlen, selbst bei sehr hoher Anfangsviskosität (hohem DP) der Viskoselösung. Bei der Konzentrationsreihe ist das Fließen instabiler, insbesondere bei höherer Cellulosekonzentration und kürzeren Kapillaren zeigt sich eine wellige Strahlform. Das gleiche finden wir bei der Viskose III mit dem niedrigen Alkaligehalt. Quantitativ besteht der Unterschied darin, daß bei konstanter Cellulosekonzentration und wachsendem DP auch die Aufweitung größer wird, während bei konstantem DP und zunehmender Cellulosekonzentration die maximale Aufweitung geringfügig zurückgeht (vgl. Tabelle 5).

4. *Zusammenfassende Diskussion der Ergebnisse*

Das Fließverhalten einer Viskosespinnlösung bei hohem Schergefälle ist keineswegs eindeutig durch die Anfangsviskosität η_0 bestimmt, sondern hängt in starkem Maße davon ab, über welchen chemischen Parameter diese Anfangsviskosität eingestellt wurde. In qualitativer Übereinstimmung mit Ergebnissen von *Patat* und *Spott* [25] an verschiedenen Systemen mit einer nichtionischen Polymerkomponente wurde auch bei dem Polyelektrolyten Cellulosexanthogenat in wäßrig/alkalischer Lösung eine wesentlich steilere Abnahme der scheinbaren Viskosität η' mit dem Schergefälle bei Einstellung einer hohen Anfangsviskosität über einen hohen DP beobachtet, als bei Einstellung der gleichen Anfangsviskosität über eine Erhöhung der Cellulosekonzentration. Bei dem höchsten von uns erreichten Schergefälle nahm η' nur noch sehr gering mit dem DP zu, und wir können durchaus mit *Patat* und *Spott* annehmen, daß bei noch höherem D keine Abhängigkeit der rel. Molekülmasse mehr vorliegt. Für die Abhängigkeit von der Cellulosekonzentration hingegen folgt aus unseren Messungen, daß auch bei sehr hohem Schergefälle von ca. $10^5\ s^{-1}$ annähernd das gleiche Potenzgesetz $\eta' = \text{const} \cdot c^n$ mit $n = 5{,}5$ bis 6 gilt wie im Bereich der *Newton*schen Anfangsviskosität, während eine Erhöhung von η_0 durch Senkung der NaOH-Konzentration sich auf das Fließverhalten ähnlich wie eine DP-Erhöhung auswirkt. Für den technischen Spinnprozeß kann man hieraus folgern, daß auch eine erhebliche Erhöhung der Anfangsviskosität η_0 bzw. der sog. „Kugelfallzeit" einer Viskose durch verringerten Celluloseabbau bei der Vorreife oder durch Senkung der Alkalikonzentration das Fließverhalten im Düsenkanal ($D = 10^5\ s^{-1}$) nur wenig beeinflußt, während mit zunehmender Cellulosekonzentration auch η' im Düsenkanal etwa proportional zu η_0 ansteigen sollte. *Patat* und *Spott* folgern aus ihren Ergebnissen, daß in dem auch von ihnen experimentell nicht erreichten „2. *Newton*schen Bereich" konstanter Endviskosität η_∞ die Polymermoleküle in einer von der rel. Molekülmasse unabhängigen gestreckten Form vorliegen und die relative Viskosität $\eta_\infty/\eta_{\text{Lösungsmittel}}$ nur durch Polymer/Lösungsmittel-Kontakte zustande kommt. Polymer/Polymer-Kontakte sollen dann kaum noch vorliegen, wofür vor allem die geringe Konzentrationsabhängigkeit von η_∞ ($\eta_\infty = \text{const} \cdot c^1$) sprechen würde. In dem von uns untersuchten Polyelektrolytsystem möchten wir bei den höchsten experimentell erreichten Schergefällen ebenfalls eine weitgehende Unabhängigkeit der Molekülform von DP und NaOH-Konzentration annehmen, was jedoch u. E. nicht ausschließt, daß nach wie vor in erheblichem Maße Polymer/Polymer-Kontakte über temporäre H-Brücken zwischen den OH-Gruppen der Cellulose bestehen, evtl. unter Mitwirkung von H_2O-Molekeln, und infolgedessen η' noch immer mit einer hohen Potenz von c ansteigt.

Hinsichtlich des viskoelastischen Verhaltens einer Viskosespinnlösung erlauben unsere aus den *Bagley*-Geraden und der Strahlaufwirkung erhaltenen Ergebnisse noch keine in sich geschlossene und völlig widerspruchsfreie Deutung. Jedoch erscheint uns die Feststellung zulässig, daß eine „Hoch-η-Viskose" hoher Cellulosekonzentration „steifer" ist als eine solche gleicher Anfangsviskosität, aber mit höherem DP bei niedrigerer Cellulosekonzentration. Der bei hohem Schergefälle im Kapillareinlauf gespeicherte elastische Energieanteil, der den von uns verwendeten Größen $\Delta P_{el}{}^0$ und $\Delta\tau$ bei gegebenem D etwa proportional sein dürfte, wächst stark bei Zunahme von η_0 über die Cellulosekonzentration, wesentlich geringer dagegen bei einer hinsichtlich η_0 äquivalenten DP-Erhöhung. Umgekehrt beobachten wir bei der Relaxation des am Kapillarauslauf noch vorhandenen Teils an gespeicherter elastischer Energie eine stärkere Deformation, d. h. Strahlaufweitung B^2, bei Erhöhung von η_0 über den DP im Vergleich zur entsprechenden Erhöhung über die Cellulosekonzentration. In Übereinstimmung mit den bisherigen Überlegungen könnte man sich vorstellen, daß der Strahl einer Viskose mit hohem DP infolge geringerer ,,Steifheit" durch einen gegebenen elastischen Energieanteil stärker deformiert, also aufgeweitet wird, als der Strahl einer Viskose hoher Cellulosekonzentration.

Bei den von *Klein* und *Fusser* sowie bei den von uns angestellten Messungen und Überlegungen bleiben noch gewisse Widersprüche bestehen, wenn man versucht, Zusammenhänge zwischen Strahlaufweitung, elastischem Druckanteil ΔP_{el}^0 und Viskosität in der Düse aufzustellen. Erstens ist ein offensichtlich vorhandener separater Einfluß des Kapillarradius (neben dem bekannten Einfluß des Quotienten L/R) auf Strömungsform (,,Pfropfenfließen") und Relaxationsverhalten im Düsenkanal auf Grund unseres bisherigen Veruschsmaterials noch nicht klar zu übersehen. Zweitens finden wir einen vorerst nicht erklärbaren Widerspruch in der Tatsache, daß in Übereinstimmung mit *Klein* und *Fusser* [21] auch bei Viskose der Gleichgewichtswert des viskoelastischen Energieanteils in einer langen Kapillare offensichtlich recht klein ist gegenüber dem Wert von ΔP_{el}^0, der aus den mit kurzen Kapillaren erhaltenen *Bagley*-Geraden folgt, während die Strahlaufweitung B^2, also die aus der Relaxation des jeweils am Kapillarausgang vorhandenen elastischen Energieanteils resultierende Deformation, sich für die 10 cm und 1 mm lange Kapillare nur um etwa einen Faktor von 2 unterscheidet.

Ein Vergleich unserer bei der ,,DP-Reihe" I und der ,,Konzentrationsreihe" II erhaltenen Ergebnisse weist schließlich darauf hin, daß die sogenannte ,,geometrische Einlaufkorrektur" (,,*Couette*-Korrektur") bei Polymerlösungen offensichtlich nicht — wie früher angenommen [16, 26, 27] — vernachlässigbar klein und weitgehend konstant ist; denn der Einfluß von DP und Cellulosekonzentration auf die Änderung von ΔP_{el}^0 bzw. e mit η_0 bei konstantem D ist recht unterschiedlich. Die von uns gefundene erhebliche Zunahme von e, nicht aber von ΔP_{el}^0 mit steigendem DP des gelösten Cellulosexanthogenats ist möglicherweise in Zusammenhang zu bringen mit einer stärkeren DP-Abhängigkeit der kürzlich von *Giesekus* [28] beschriebenen ,,Einlaufströmungen" vor dem Kapillareingang. Für eine auf den technischen Spinnprozeß angewandte rheologische Betrachtung erhebt sich gerade im Zusammenhang mit dieser Publikation die Frage, ob es gegenwärtig überhaupt zweckmäßig ist, eine rechnerische Trennung der dissipativen ,,geometrischen Korrektur" vom viskoelastischen Energieanteil zu versuchen, oder ob es nicht vorerst notwendiger und sinnvoller ist, an den interessierenden Polymersystemen eine quantitative Verknüpfung direkt meßbarer Größen wie ΔP_{el}^0, $\Delta P_{el}^{\text{Gleichgew}}$, e, B^2 und Schubmodul [29] unter Berücksichtigung ihrer Temperaturabhängigkeit untereinander und mit ,,chemischen Parametern" wie DP, Konzentration und Lösungsmitteleigenschaften vorzunehmen, wie es das Ziel dieser Arbeit war.

Literatur

[1] *Philipp, B., Wulf, K.,* und *Dautzenberg, H.:* Rheologische Untersuchungen an Spinnlösungen. 1. Mitt.: Untersuchung des Fließverhaltens von Viskose im Strukturviskosimeter nach Umstätter. Faserforsch. u. Textiltechnik **15** (1964) S. 101—109.

[2] *Wulf, K.,* und *Philipp, B.:* Rheologische Untersuchungen an Spinnlösungen. 2. Mitt.: Vergleichende rheologische Untersuchungen an Spinnlösungen von Viskose und Polyacrylnitril. Rheologica Acta, Darmstadt **4** (1965) S. 113—119.

[3] *Philipp, B.,* und *Wulf, K.:* Rheologische Untersuchungen an Spinnlösungen. 3. Mitt.: Zum Fließverhalten von Viskose in langen und kurzen Kapillaren. Rheologica Acta, Darmstadt **5** (1966) S. 93—101.

[4] *Gröbe, V., Mann. G.,* und *Wulf, K.:* Rheologische Untersuchungen an Spinnlösungen. 4. Mitt.: Zum Fließverhalten von Polyacrylnitril-Lösungen. Faserforsch. u. Textiltechnik **17** (1966) S. 559—565.

[5] *Seves, A., Prati, G.,* und *Centola, G.:* Reologica di soluzioni concentrate die cellulosa. Nota I: ,,Viskosa" e ,,cupro" preparate in laboratorio. Nota II: Comportamento della ,,viscosa". Nota III: Comportamento del ,,cupro". Ricerca Doc. tessile, Milano (Textil forsch. u. -dok.) **3** (1966) 1, S. 11—21; 2, S. 51—60; 3, S. 99—111.

[6] *Seves, A.,* und *Vecchio, G.:* Reologica di soluzioni concentrate di cellulosa. Nota IV: Caratterizzazione reologica della ,,viscosa" durante la maturazione. Ricerca Doc. tessile, Milano (Textilforsch. u. -dok.) **4** (1967) 1, S. 1—8.

[7] *Asaeda, T.:* Development of rayon staple produced by viscose haring high degree of polymerization and some rheological properties of such viscose. Diss. Pulps, Internat. Symp. Finland (1966) S. 279—287.

[8] *Treiber, E.,* und *Eriksson, L. S.:* Die Umrechnung von Kugelfallviskosität einer Viskose in Absolutviskosität. Reyon, Zellwolle, andere Chemiefasern **33** (1955) S. 162—163.

[9] *Umstätter, H.:* Einführung in die Viskosimetrie und Rheometrie. Berlin/Göttingen/Heidelberg: Springer 1952, S. 96.

[10] *Kirschke, K.:* Zur Viskosimetrie strukturviskoser Flüssigkeiten bei hohen Werten des Geschwindigkeitsgefälles. Rheologica Acta, Darmstadt **2** (1962) S. 147 bis 159.

[11] *Vinogradov, G. V., Malkin, A. J., Prozorovskaja, N. V.,* und *Kargin, V. A.:* Rheologie der Polymeren. Über die Universalität der temperaturinvarianten Viskositätscharakteristik von Polymeren im kondensierten Zustand. Dokl. Akad. Nauk SSSR (Ber. Akad. Wiss. UdSSR) **154** (1964) 4, S. 890—893.

[12] *Bagley, E. B.:* The separation of elastic and viscous effects in polymer flow. Trans. Soc. Rheology **5** (1961) S. 355—368.

[13] *Meissner, J.:* Untersuchungen über das Fließverhalten von geschmolzenen Polyäthylenen mit dem Kapillarviskosimeter. Materialprüfung **5** (1963) S. 107—113.

[14] *Meissner, J.:* Die Kunststoffschmelze als elastische Flüssigkeit. Teil I: Allgemeiner Überblick und Bedeutung für die Verarbeitungstechnik. Teil II: Rheologisches Verhalten im linearen und nichtlinearen Beanspruchungsbereich. Kunststoffe **57** (1967) 5, S. 397 bis 400; 9, 702—710.

[15] *Bagley, E. B.:* End corrections in the capillary flow of polyethylene. J. appl. Physics **28** (1957) S. 624—627.

[16] *Philippoff, W.,* und *Gaskins, F. H.:* The capillary experiment in rheology. Trans. Soc. Rheology **2** (1958) S. 263—284.

[17] *Treiber, E.:* Rheologische Probleme innerhalb der Viskosechemie. Lenzinger Ber., Lenzing/Österr. **18** (1965) S. 5—11.

[18] *Philipp, B., Wulf, K., Mann, G., Förste, J.,* und *Limberg, H.:* Zur Auswertung der Fließkurven konzentrierter Polymerlösungen anhand experimenteller Messungen an Viskose. Mh. Chemie **99** (1968) S. 1521—1537.

[19] *Edelmann, K.:* Diskussionsbeitrag zu [20]. Rheologica Acta, Darmstadt **1** (1958) S. 62.

[20] *Schurz, J.*: Die Möglichkeiten der Interpretation von Fließkurven. Rheologica Acta, Darmstadt **1** (1958) S. 58–63.

[21] *Klein, J.*, und *Fusser, H.*: Neue Ergebnisse zum Einfluß der Elastizität bei der Kapillarströmung von konzentrierten Polymerlösungen unter hohem Schergefälle. Rheologica Acta, Darmstadt **7** (1968) S. 118 bis 127.

[22] *Vinogradov, G. V.*, und *Ivanova, L. I.*: Viscous properties of polymer melts and elastomers exemplified by ethylene-propylene copolymer. Wall slippage and elastic turbulence of polymers in the rubbery state. Rheologica Acta, Darmstadt **6** (1967) 3, S. 209–222; **7** (1968) 3, S. 234–254.

[23] *Klare, H.*, und *Gröbe, A.*: Untersuchungen über die Bildung von Celluloseregeneratfäden aus Viskose. Faserforsch. u. Textiltechnik **6** (1955) S. 97–105.

[24] *Serkov, A. T.*, und *Čerkasova, E. V.*: Bildung der Elementarfadenstrahlen beim Erspinnen von Chemiefaserstoffen. Chim. Volokna (Chem. Fasern) (1966) 3, S. 46–48.

[25] *Patat, F.*, und *Spott, G.*: Zur Strukturviskosität von Polymerlösungen. Makromol. Chemie **87** (1965) S. 8 bis 20.

[26] *Ram, A.*, und *Narkis, M.*: Role of capillary end correction in flow analysis of molten polyethylene. J. appl. Polymer Sci. **10** (1966) S. 361–374.

[27] *Hayahara, T.*, und *Takao, S.*: Elastic behavior of concentrated solutions of acrylonitrile copolymers. J. appl. Polymer Sci. **11** (1967) S. 735–746.

[28] *Giesekus, H.*: Nicht-lineare Effekte beim Strömen viskoelastischer Flüssigkeiten durch Schlitz- und Lochdüsen. Rheologica Acta, Darmstadt **7** (1968) S. 127 bis 138. Vortrag auf der Jahrestagung der Deutschen Rheologen in Berlin vom 20.–22. Mai 1968. Rheologica Acta, Darmstadt (im Druck).

[29] *Schurz, J.*: Strukturrheologische Untersuchungen an konzentrierten Polymerlösungen. Kolloid-Z./Z. Polymer **227** (1968) S. 72–86.

Eingegangen am 24. Februar 1969

Elektronenmikroskopische Untersuchungen an Ultradünnschnitten von Celluloseregeneratfäden

Teil II. Die Struktur von Gelfäden, koaguliert in Ammoniumsulfatlösungen[1])

Heinz Jürgen Gensrich und Anneliese Gröbe

Deutsche Akademie der Wissenschaften zu Berlin, Institut für Faserstoff-Forschung in Teltow-Seehof

DK 677.463:677.46.021.5:546.226'39:539.216.1:537.533.35

In Ammoniumsulfatlösungen ersponnene, darin regenerierte und zur Bewahrung des Gelzustandes indirekt durch Lösungsmittelaustausch bzw. Gefriertrocknung entwässerte Gelfäden werden untersucht und den entsprechenden luftgetrockneten Proben gegenübergestellt. Untersuchungsmethoden sind Ultradünnschnittechnik, Gefrierätztechnik, Oberflächenabdrücke, Dichtemessung und Hg-Porosimetrie. Die Morphologie der Gelfäden ist durch eine netzartige Anordnung von fibrillaren Strukturelementen gekennzeichnet, die einen Durchmesser von 90 bis 170 Å besitzen. Die Netzstruktur der Gelfäden schließt ein beträchtliches Hohlraumvolumen ein, das beim direkten Trocknen der Gelfäden stark vermindert wird. Dennoch bleibt ein zusammenhängendes Hohlraumsystem zurück. Die Ergebnisse über die Struktur der Gelfäden werden durch Untersuchungen über Artefakte bei der Methacrylateinbettung gesichert.

Электронномикроскопическое исследование ультратонких срезов гидратцеллюлозных волокон
Часть II: Структура гель-волокон, скоагулированных в растворах сульфата аммония

При применении методов получения ультратонких срезов, травления замораживанием, получения поверхностных реплик, а также измерения плотности и пористости (вдавливание ртути под высоким давлением) изучены гель-нити, сформованные и регенерированные в осадительные ванные из сульфата аммония, причем удаление воды производилось путем обмена растворителей или сушкой замораживанием с целью сохранения гелеобразного состояния. Для гель-нитей характерна сетчатая структура элементов в виде фибрилл с диаметром от 90 до 170 Å. Сетчатая структура включает и значительное количество капилляров, резко уменьшающееся при непосредственной сушке нитей. Однако, остающееся количество капилляров еще значительно. Возможность образования артефактов при применении метакрилата в качестве иммерсионной среды была исключена постановкой соответствующих экспериментов.

Electron Microscopic Examination of Ultrathin Sections of Rayon Fibres
Part II. The Structure of Gel Filaments Coagulated in Ammonium Sulfate Solution

The structure of rayon fibres spun in ammonium sulfate solutions has been investigated with samples prepared by ultrathin sectioning, freeze etching and surface replication after preserving the wet state by solvent exchange or freeze drying and, for comparative examination, after air drying. Additional information was gained from Hg-porosimetry and density determination. A network structure of fibrillar elements of 90 to 170 Å in diameter was observed that included large interconnected voids. On increasing drying the voids grew smaller without disappearing altogether. The structural pattern was not disturbed by artefacts that might arise in embedding into methacrylate.

In der vorhergegangenen Mitteilung [1] haben wir über Einbettungsverfahren zur Ultramikrotomie von Celluloseregeneratfäden berichtet und Präparationsmethoden beschrieben, die es gestatten, den Gelzustand von Cellulosehydratfäden zu fixieren und im elektronenmikroskopischen Bild sichtbar zu machen. Wir konnten zeigen, daß die Koagulation der Viskose unter dem Einfluß von $(NH_4)_2SO_4$-Lösungen zu Fäden führt (im Folgenden als „Ammonsulfat-

[1]) Teil I s. [1].

fäden" bezeichnet), in denen die Cellulose in Form eines Netzwerkes angeordnet ist. Diese Feststellung deckt sich auch mit Untersuchungsergebnissen von *Beebe, Coalson* und *Marchessault* [2, 3, 4], die sie an isotropen Cellulosegelfilmen mit Hilfe der Lichtstreuung und der Elektronenmikroskopie erhielten.

In der vorliegenden Arbeit sollen weitere Informationen über die Struktur dieser Ammonsulfatfäden gewonnen werden. Für die Ultramikrotomie von Celluloseregeneratfäden ist das Methacrylateinbettungsverfahren besonders geeignet, da das Einbettungsmittel wieder aus den Ultradünnschnitten herausgelöst werden kann. Diese Methode verlangt aber eine eingehende Prüfung auf Artefakte. Die Charakterisierung luftgetrockneter Gelfäden durch die Ultradünnschnittechnik ist schwierig. Deshalb sollte geprüft werden, inwieweit Hg-Porosimetrie und Dichtemessungen geeignet sind, Informationen über den strukturellen Aufbau der luftgetrockneten Ammonsulfatfäden zu liefern.

1. Die Morphologie der „Ammonsulfatfäden"

Bild 1 zeigt ein typisches Querschnittsbild der Ammonsulfatfäden in einer Ausschnittsvergrößerung. Deutlich ist zu erkennen, wie sich das Cellulosenetz aus einzelnen anisometrischen Strukturelementen aufbaut. Die Länge dieser Strukturelemente ist unterschiedlich. Ihr Durchmesser liegt einheitlich im Bereich von 90 bis 170 Å. Breitere Stränge sind in diese Grundeinheiten aufzulösen. Zwischen den Struktureinheiten, die die Maschen des Netzes bilden, befinden sich Hohlräume unterschiedlicher Größe, die ehemals mit Wasser gefüllt waren. Durch große Hohlräume des Schnittes hindurch erkennt man die körnige Struktur der Kollodium-Trägerfolie.

Ein Ultradünnschnitt vermittelt von der als dreidimensional anzusehenden Netzstruktur nur einen zweidimensionalen Eindruck; man kann sich jedoch vorstellen, daß die Strukturelemente ebenso senkrecht zur Abbildungsebene verlaufen und im Ultradünnschnitt quergeschnitten vorliegen. Sie erscheinen je nach der Schnittrichtung zu ihrer Achse punktförmig rund bis oval, und wir können Durchmesser von 90 bis 170 Å ausmessen. Die Verteilung hat ein Häufigkeitsmaximum bei 130 Å.

Diese Struktureinheiten können als fibrillar angesehen werden. Wenn man berücksichtigt, daß bei metallbeschatteten Präparaten durch die Metallauflage eine Verstärkung der Strukturelemente eintritt [5], so haben wir hier offenbar die schon von vielen Autoren diskutierte und besonders an nativer Cellulose elektronenmikroskopisch gezeigte Fibrille von ca. 100 Å Breite vorliegen.

Sehr viele Autoren haben bereits fibrillare Strukturelemente sowohl bei nativer (z. B. [6 bis 12]), als auch bei regenerierter (z. B. [13 bis 21]) Cellulose elektronenmikroskopisch beobachtet. Bei der Präparation zur Sichtbarmachung der Cellulosefibrillen konnte jedoch zumeist nicht auf starke mechanische oder chemische Eingriffe, wie z. B. Ultraschall und Hydrolyse, verzichtet werden. Unsere Untersuchungen bestätigen, daß diese ca. 100 Å breiten Fibrillen in unzerstörten Gelfäden vorliegen und integrierender Bestandteil sind.

Auch an „nie getrocknetem" Zellglas beobachteten *Jayme* und *Balser* [22] diese von ihnen als Sekundärfibrille bezeichnete Struktureinheit. Mit der Methode der Röntgenkleinwinkelstreuung untersuchten *Kratky* und *Miholic* [23]

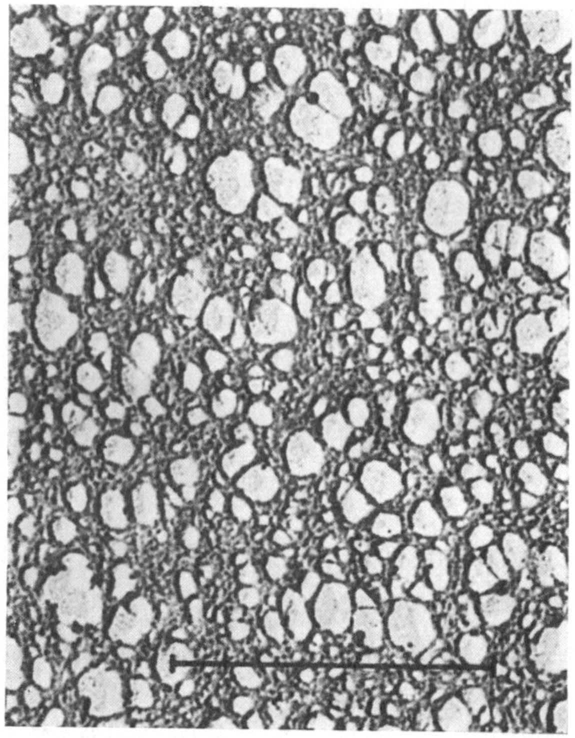

Bild 1. $2n(NH_4)_2SO_4$; 20 °C; Alkoholreihe; Methacrylateinbettung; gelöst mit Benzoldampf; Pd-beschattet; Vergrößerung 45000:1

regenerierte, isotrope, durch Ammonsulfatlösungen ausgefällte Modellfäden nach *P. H. Hermans* [24] und stellten fest, daß in diesen Gelfäden neben einem erheblichen Hohlraumanteil vornehmlich langgestreckte Bändchen mit einem rechteckigen Querschnitt von 60 × 150 Å vorliegen. Diese Struktureinheit stimmt in ihren Abmessungen größenordnungsmäßig recht gut mit der von uns festgestellten überein.

Die angeführten Untersuchungsergebnisse lassen auch Rückschlüsse auf den Lösungszustand der Viskose zu: Nach *P. H. Hermans* [25] hat nicht nur die Koagulation, sondern auch der Lösungszustand der Viskose im Moment der Koagulation einen mitbestimmenden Einfluß auf die entstehende Gelstruktur. Im wesentlichen gibt es über den Lösungszustand der Viskose zwei Auffassungen: *Treiber* [26 bis 30] betrachtet die Viskose als quasimolekulare Lösung mit eingelagerten übermolekularen Aggregaten und Gelteilchen, die zusammen ein Verteilungsspektrum ergeben. *Schurz* [31 bis 35] überträgt das von *Bueche* [36 bis 37] für Schmelzen und hochkonzentrierte Lösungen postulierte Modell des unendlichen Polymernetzwerkes auf den Lösungszustand der Viskose und spricht von einem unendlichen Netz mit Verhängungsbereichen [32, 35] und Assoziation [38]. Wesentlich für beide Vorstellungen ist der Grad der Aggregation der Einzelmoleküle, der von Cellulosekonzentration, Xanthogenatgruppengehalt, NaOH-Konzentration und Reifezustand der Viskose abhängt. Sieht man einmal von den durch konduktometrischen Zählmethoden zugänglichen Gelteilchen ab, so herrscht noch weitgehend Unklarheit über Größe und Gestalt der in der Viskose vorliegenden übermolekularen Strukturen.

Während der Koagulation der Viskose werden nun die in der Lösung vorgebildeten Strukturen entweder fixiert oder durch die spezifische Wirkung des Koagulators im Sinne von Ordnen, Aggregieren und Vernetzen verändert. Die Gelstruktur der Ammonsulfatfäden ist deshalb auch Informationsträger für den Lösungszustand der Viskose. Da wir in diesem Gel immer wieder eine ca. 100 Å starke Fibrille (90 bis 170 Å) gefunden haben, könnte man annehmen, daß in der verwendeten Viskose im Moment der Koagulation übermolekulare Strukturen einheitlicher Größe überwiegen.

1.1. Polymerisationsartefakte bei der Methacrylateinbettung

Betrachtet man noch einmal den Randbereich der Ultradünnschnitte der Ammonsulfatfäden (s. [1], Bild 9 und 10), wie ihn auch Bild 2 zeigt, so ist eine klare Abgrenzung des Fadens nach außen nicht feststellbar. Das Cellulosenetz endet plötzlich an der Fadenperipherie und die Stege des Netzes ragen frei nach außen. Es fehlt die für Celluloseregeneratfäden anzunehmende äußere Fadenbegrenzung in Form einer Gel- oder Primärmembran, die sich beim ersten Zusammentreffen von Viskosesol und Fällungsmittel bildet. Dieser Umstand veranlaßte uns dazu, das verwendete Methacrylateinbettungsverfahren noch einmal genau zu überprüfen, weil wir befürchteten, daß hier möglicherweise ein Artefakt aus der Einbettung vorliegt.

Wie besonders eingehend von *Dlugosz* [39] an Baumwollfasern dargelegt wurde, kann es bei der Polymerisation von Methacrylat zu Quellungsartefakten am einzubettenden Objekt kommen. Diese als Polymerisationsquellung bezeichnete Erscheinung tritt laut *Dlugosz* nur nach gründlicher Vorquellung in Wasser, der ein wirksamer Lösungsmittelaustausch folgt, auf und kann bis zu 10000% betragen. Sie führt zur Lamellierung des Objektes. *Dlugosz* [39] erklärt diese Polymerisationsquellung dadurch, daß die Polymerisation im Präparat wegen der längeren Lebensdauer der Radikale rascher verläuft. Die Folge davon ist ein Konzentrationsgefälle für das Monomere zwischen der Umgebung des Präparates und dem Präparatinnern. Das nun in das Innere eindiffundierende Monomere wird sofort einpolymerisiert. Dieser Vorgang führt zu einem Polymerisationsdruck und zur Aufweitung der Cellulosesubstanz.

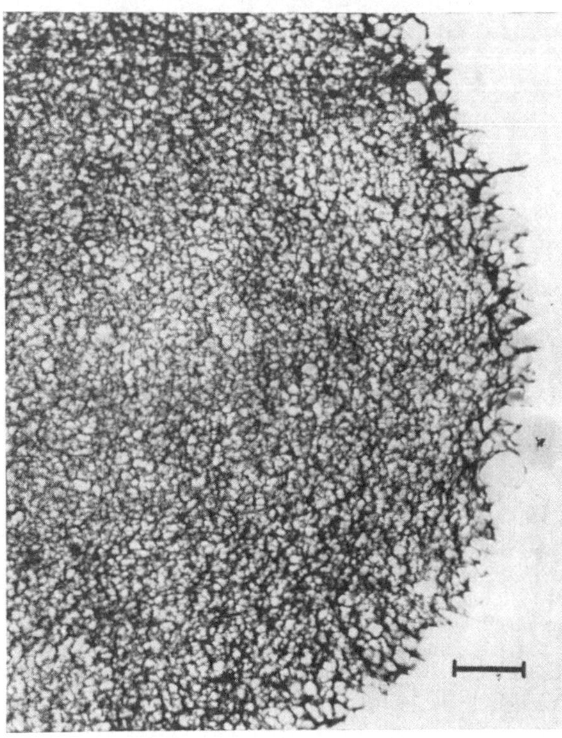

Bild 2. 2 n $(NH_4)_2SO_4$; 20 °C; DURCUPAN ACM; mit PWS kontrastiert; Vergrößerung 10000:1

Beim Vergleich der Einbettungsverfahren stellt man fest, daß wir im Gegensatz zu *Dlugosz* nicht in die Monomeren, sondern in vorpolymerisiertes Methacrylat einbetten. Daraus folgt, daß das Angebot an Monomeren in der Umgebung der Fäden stark herabgesetzt ist. Außerdem penetrieren wir die Fäden vorher mit dem Monomerengemisch ohne Initiator und nicht wie *Dlugosz* mit dem Initiator Benzoylperoxid. Dadurch sollte die Polymerisationsreaktion im Fadeninnern gegenüber der Umgebung verzögert einsetzen. Man kann deshalb annehmen, daß in unserem System die von *Dlugosz* beschriebenen Quellungsartefakte ausbleiben.

Trotzdem könnte es an der Peripherie des Fadens zu Aufweitungen kommen, da hier die Grenze zwischen Vorpolymerisat mit und Monomeren ohne Initiator verläuft und die Polymerisation bevorzugt einsetzt. Aus diesem Grunde betteten wir eine Fadenprobe, wie in Teil I [1] beschrieben, in Epoxidharz ein, das nach *Dlugosz* keine Aufquellung bewirken soll.

Bild 2 zeigt den gefriergetrockneten Ammonsulfatfaden in DURCUPAN ACM. Dieses Einbettungsmittel läßt sich ohne Zerstörung der Cellulosesubstanz nicht ablösen. Um den sehr geringen Kontrast zwischen Einbettungsmittel und Cellulose zu erhöhen, wurde die Cellulose mit Phosphorwolframsäure (PWS) „angefärbt" [1]. Man sieht das für diese Fäden charakteristische Cellulosenetzwerk. Sehr deutlich sind die einzelnen Verästelungen der Cellulosesubstanz zu erkennen, und wiederum kann man an vielen Stellen Fibrillen mit einer Breite von ca. 100 Å ausmessen. Zum gleichen Ergebnis gelangt man, wenn an Stelle eines gefriergetrockneten Fadens ein durch Alkoholaustausch entwässerter Faden in DURCUPAN ACM eingebettet wird.

Die vergleichende Einbettung in Epoxidharz hat somit das bisher gewonnene Strukturbild der Ammonsulfatfäden bestätigt. Auch bei diesem Einbettungsmittel zeigt die Randzone keine Primärmembran und das Netz endet plötzlich an der Fadenperipherie, so daß beim Methacrylateinbettungsverfahren keine Polymerisationsquellung im Randbereich stattgefunden hat. Jedoch bleibt die Frage offen, warum bei den Ammonsulfatfäden keine Primärmembran gefunden wird.

Es sollte nun geprüft werden, ob an unseren netzartigen Objekten überhaupt eine Polymerisationsquellung zu erreichen ist, und welche Folgen sie für das Strukturbild hat. Wir betteten dazu über die Alkoholreihe entwässerte Gelfäden in das Monomerengemisch von Butyl-Methyl-Methacrylat 1:1 mit 0,1% Benzoylperoxid ein, nachdem wir den Alkohol durch ein ebensolches Gemisch verdrängt hatten. Auf eine Entfernung des Einbettungsmittels mußte verzichtet werden, da der Lösevorgang den Fadenquerschnitt zerstört. Der sehr geringe Kontrast konnte auch durch eine Behand-

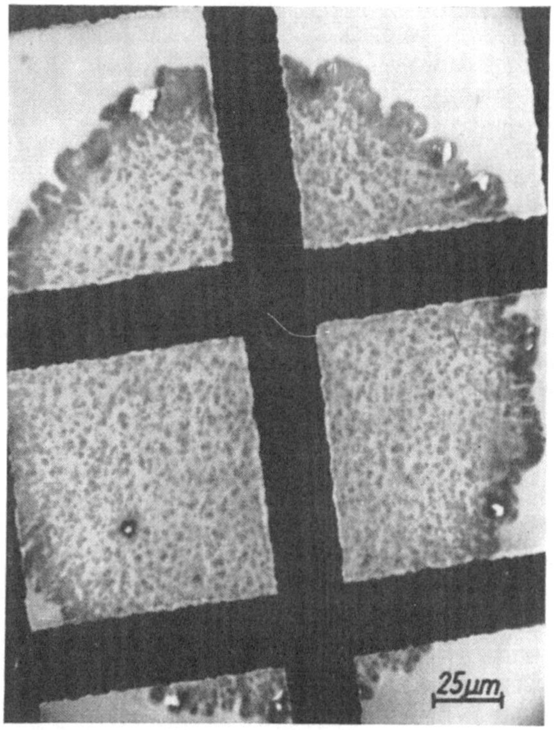

Bild 3. 2 n $(NH_4)_2SO_4$; 20 °C; Alkoholreihe; Einbettung in Methacrylatmonomerengemisch; Einbettungsmittel nicht entfernt; mit PWS kontrastiert; Vergrößerung 400:1

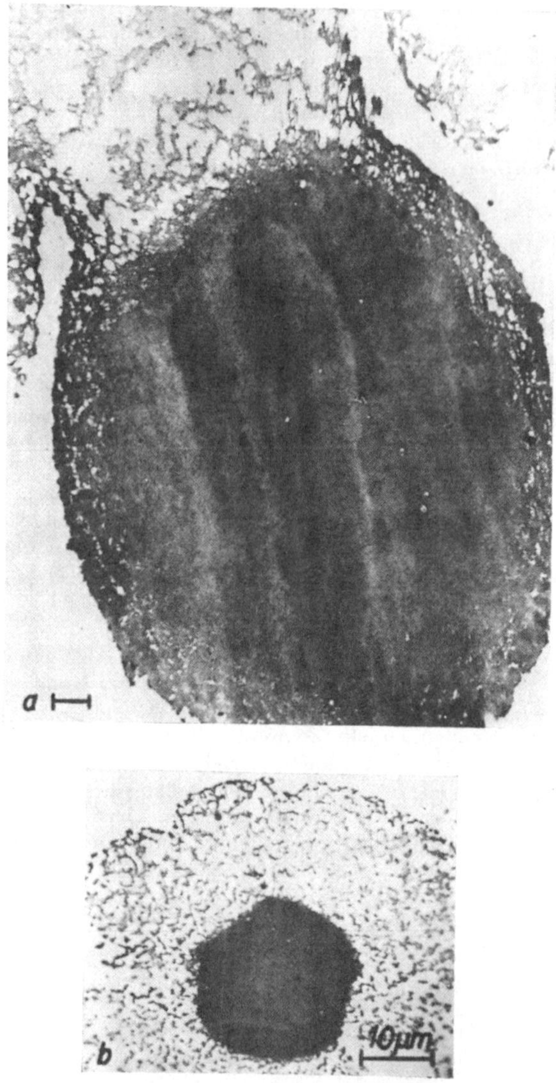

Bild 4. 2 n Na_2SO_4; 20 °C; luftgetrocknet und in H_2O wieder aufgequollen, Alkoholreihe; Methacrylateinbettung, gelöst mit Benzoldampf, Pd-beschattet.
Vergrößerung a) 5000:1, b) 1000:1

lung des Schnittes mit PWS nicht wesentlich gesteigert werden.

Wie Bild 3 zeigt, können wir an Ammonsulfatfäden unter den Bedingungen der Polymerisationsquellung feststellen, daß der gesamte Faden um 1200% seiner Querschnittsfläche aufgeweitet wird. Strukturelle Einzelheiten sind wegen der äußerst starken Zerteilung der Cellulosesubstanz nicht mehr sichtbar zu machen. Die Polymerisationsquellung braucht aber nicht, wie in Bild 3 gezeigt, den ganzen Faden zu erfassen. Sie kann sich unter Umständen auch auf den Randbereich oder einen Teil davon beschränken. Bild 4 bringt Beispiele solcher Fadenschädigungen. Diese Querschnitte stammen von einem Faden, dessen Einbettungsmittel nicht ausreichend vorpolymerisiert war. Ebenso muß man bei der Diskussion der Bilder von *Kassenbeck* in [40] eine Polymerisationsquellung berücksichtigen, zumal er in die Methacrylatmonomeren einbettete.

Wir müssen hier erwähnen, daß bei den gefriergetrockneten Ammonsulfatfäden keine Polymerisationsquellung hervorgerufen werden konnte. Gegenüber der Alkoholreihe erreicht man mit der Gefriertrocknung eine intensive Trocknung der Fäden. Demnach ist die in den Proben zurückbleibende Menge Wasser wesentlich für den Ablauf der Polymerisationsquellung. *Jayme* und *Bergh* [41] fordern deshalb den Ausschluß von Feuchtigkeit bei der Methacrylateinbettung.

Zusammenfassend kann zum Problem der Polymerisationsquellung durch Methacrylate gesagt werden, daß sie unter bestimmten Bedingungen auch an Celluloseregeneratfäden auftritt und bei der Präparation zur Ultramikrotomie berücksichtigt werden muß. Die Polymerisationsquellung läßt sich jedoch vermeiden, wenn man, wie in Teil I [1] beschrieben, in ausreichend vorpolymerisiertem Methacrylat einbettet und der Penetrationsmischung keinen Initiator hinzusetzt.

1.2. Anwendung der Gefrierätztechnik zur Strukturuntersuchung von Gelfäden

Eine sehr elegante Methode zur Untersuchung der Gelstruktur von Fäden ist die Gefrierätzung. Diese Präparationsmethode kommt völlig ohne die herkömmlichen Einbettungsmittel aus, da das in der Probe enthaltene Wasser selbst zum Einbettungsmedium wird. Man hat somit die Möglichkeit, Einbettungsverfahren der Ultramikrotomie auf Artefakte zu überprüfen.

Im Prinzip ist die Gefrierätzung eine unterbrochene Gefriertrocknung. Aus dem gefriergeschockten und angeschnittenen Untersuchungsmaterial wird nur eine ganz dünne Eisschicht (z. B. 1000 Å) absublimiert. Von dieser

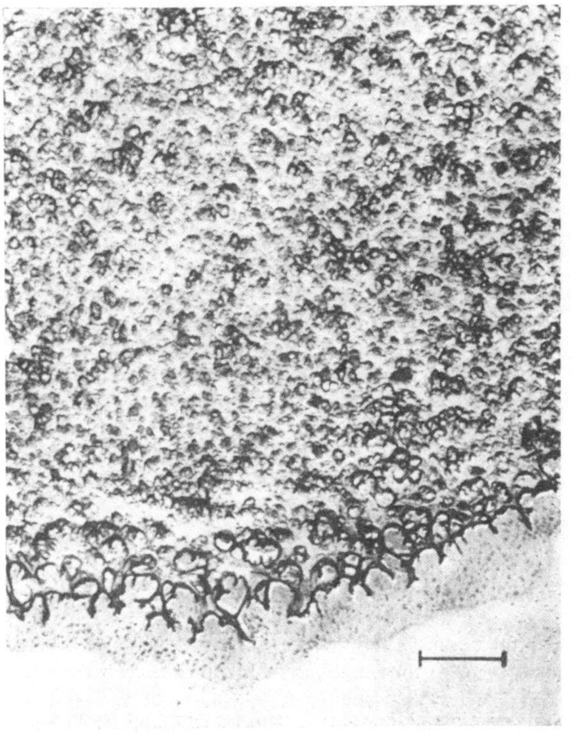

Bild 5. 2 n $(NH_4)_2SO_4$; 20 °C; Schnittabdruck durch Gefrierätzung; Vergrößerung 12000:1

Bild 6. 2n$(NH_4)_2SO_4$; 20 °C; C/Pt-Oberflächenreplica des gefriergetrockneten Fadens; Vergrößerung 20000:1

Fläche gewinnt man dann einen Kohle/Platin-Bedampfungsfilm, der im Elektronenmikroskop betrachtet wird. Die Gefrierätzung wandten wir erstmals zur Strukturuntersuchung von Cellulosexanthogenatlösungen an [42, 43, 44]. Einzelheiten über Methode und Präparation können diesen Arbeiten entnommen werden.

Methodisch gingen wir folgendermaßen vor: Ein kleiner Tropfen einer wäßrigen Fasersuspension (Faserlänge ca. 1 bis 2 mm, mit der Schere geschnitten) wird bei −150 °C in Freon-12 (Difluordichlormethan) eingefroren und auf dem gekühlten Präparationstisch (−100 °C) der Gefrierätzanlage BA 510 M (Balzers AG Liechtenstein) montiert. Nach Evakuieren der Anlage auf ein Vakuum von 5 bis 10^{-6} Torr schneidet man die gefrorene Fasersuspension mit dem eingebauten Mikrotom an, so daß eine glatte und saubere Schnittfläche entsteht. Sofort beginnt das Eis aus dieser Fläche abzusublimieren. Die Pumpzeit legt die Ätztiefe fest. Es entsteht ein Relief, von dem man einen Abdruck nehmen kann, d. h., ohne Unterbrechung des Vakuums wird darauf ein Kohle/Platin-Film aufgedampft. Diesen Abdruckfilm isoliert man durch Auftauen der Fasersuspension, Lösen des cellulosischen Materials mit 72%iger Schwefelsäure, Waschen mit destilliertem Wasser und Auffangen des Kohle/Platin-Filmes auf Gitternetze. Er stellt die Struktur der Gelfäden in einem Schnittabdruck dar und kann nach dem Trocknen direkt im Elektronenmikroskop betrachtet werden.

Bild 5 zeigt den Querschnittsabdruck der „Ammonsulfatfäden" in einem Ausschnitt. Der gesamte Fadenquerschnitt wird von dem körnig erscheinenden Eis umgeben. Die rauhe, mit vielen „Blasen" versehene Fläche stellt das Innere der Fäden dar. Wenn man berücksichtigt, daß die Gefrierätz-Abdrucktechnik durch die Unebenheiten des freigelegten Cellulosereliefs einen räumlichen Eindruck vermittelt, so entspricht die „Blasigkeit" des Fadeninneren eindeutig der Netzstruktur, die mit den Ultradünnschnittuntersuchungen festgestellt wurde. Auch mit der Gefrierätztechnik fanden wir keine Primärmembran, so daß wir schlußfolgern können: wenn die Ammonsulfatfäden überhaupt eine Primärmembran haben, so muß sie so dünn und zusammenhaltlos sein, daß sie dem angewandten Verzug bei der Herstellung der Fäden [1] oder den Manipulationen bis zur elektronenmikroskopischen Präparation nicht standhalten konnte.

2. *Einfluß von indirekter und direkter Trocknung auf die Struktur der Ammonsulfatfäden*

2.1. *Oberflächenabdrücke*

Wie in Teil I [1] dieser Arbeit bereits an Ultradünnschnitten (Bild 4 und 9) gezeigt, fällt das Gelnetz der Ammonsulfatfäden bei der direkten Trocknung (Lufttrocknung) zusammen, wogegen es durch indirekte Trocknung (Lösungsmittelaustausch und Gefriertrocknung) bewahrt werden kann. Wir wollten nun anhand von Oberflächenabdrücken feststellen, ob sich diese klaren Unterschiede in der Morphologie der Ultradünnschnitte auch an der Oberfläche der Fäden widerspiegeln. Die angewandte Präparationsmethodik wurde bereits früher beschrieben [45]: Herstellen eines Kohle/Platin-Filmes auf den Fadenoberflächen durch Simultanverdampfung im Hochvakuum, Stützen dieses Bedampfungsfilmes mit einer Polystyrolfolie, Lösen der Cellulose mit 72%iger Schwefelsäure und Entfernen der Stützfolie in Chloroform.

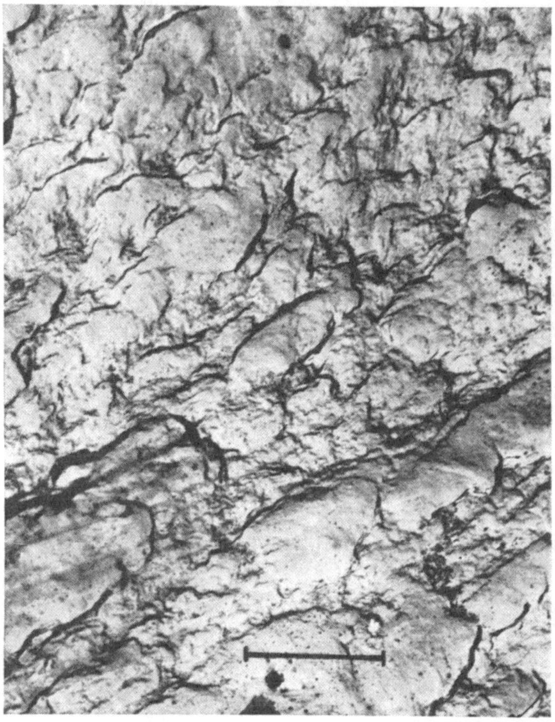

Bild 7. 2 n $(NH_4)_2SO_4$; C/Pt-Oberflächenreplica des luftgetrockneten Fadens; Vergrößerung 20000:1

Die Oberflächenreplica der gefriergetrockneten Probe (Bild 6) gibt deutlich eine zerklüftete Fadenoberfläche wieder. Eine zusammenhängende Schicht als Fadenbegrenzung ist nicht zu erkennen. Vielmehr wird die Fadenoberfläche durch fibrillenartige Strukturelemente charakterisiert, die teilweise in Fadenachse ausgerichtet sind. Zwischen ihnen sieht man viele, verschieden große Hohlräume in Form von sackartig nach außen geöffneten Poren. Insgesamt hat man den Eindruck einer schwammartig porösen Fläche.

Völlig andersartig ist die Oberfläche der luftgetrockneten Probe gestaltet (Bild 6). Die starken Zerklüftungen an der Peripherie der gefriergetrockneten Ammonsulfatfäden sind weitgehend nivelliert und die großen porenartigen Hohlräume nicht mehr vorhanden. Die Oberfläche erscheint narbig schuppig und macht im Vergleich zu Bild 5 einen relativ ebenen Eindruck. Diese Strukturunterschiede bestätigen das Fehlen der Primärmembran und zeigen auch an der Oberfläche der Fäden die starken morphologischen Änderungen durch die Trocknung. Die Strukturunterschiede stehen im Einklang mit den Ultradünnschnittuntersuchungen und lassen noch einmal deutlich werden, in welchem Maße sich das Gelnetz der Fäden beim direkten Trocknen verändert und eine dichte Packung der Cellulosesubstanz erfolgt.

2.2. *Dichtebestimmung*

Die Dichtebestimmung ist eine seit langem angewandte Methode zur Charakterisierung von strukturellen Unterschieden bei Fasern [46]. Sie spricht auch auf Unterschiede in der Zugänglichkeit der Proben durch das Meßmedium an. Da die Netzstruktur der Ammonsulfatfäden durch eine direkte Trocknung kollabiert, müßten sich Unterschiede in der Penetration durch das Meßmedium ergeben, die sich im Dichtewert widerspiegeln. Als Meßmethode wählten wir die Schwebemethode mit Konzentrationsvariation. Inhibitionsmedium war n-Heptan/Tetrachlorkohlenstoff bei 24,5 °C. Zur Vorbereitung auf die Messung evakuierten wir die Proben 1 h auf ein Vakuum von $1 \cdot 10^{-4}$ Torr und gaben ohne Unterbrechung des Vakuums trockenen Tetrachlorkohlenstoff hinzu. Näheres über Methode und Apparatur siehe [47].

Im Gegensatz zu den elektronenmikroskopischen Ergebnissen waren bei den Dichtemessungen keine Unterschiede zwischen den gefriergetrockneten und den luftgetrockneten Ammonsulfatfäden festzustellen. Beide Proben hatten eine Dichte von 1,510 g/cm³. Dieser Wert liegt nahe bei dem von *P. H. Hermans* u. Mitarb. [48] an isotropen Modellfäden in Nitrobenzol/Tetrachlorkohlenstoff bei 20 °C gemessenen von 1,512 g/cm³. Den Grund für das Fehlen eines Dichteunterschiedes sehen wir darin, daß beide Proben für das Inhibitionsmedium gleich gut zugänglich sind. Das kann aber nur dann der Fall sein, wenn auch die luftgetrocknete Probe ein zusammenhängendes Hohlraumsystem enthält, das von außen zugänglich ist und durch das Meßmedium penetriert wird. Die Hohlräume müssen jedoch so dimensioniert sein, daß sie der elektronenmikroskopischen Beobachtung aus Präparationsgründen nicht mehr ohne weiteres zugänglich sind. Die an den Ultradünnschnitten der luftgetrockneten Ammonsulfatfäden (Teil I [1], Bild 4) festgestellte körnige Struktur der Querschnittsfläche kann in diesem Zusammenhang als Hinweis auf einen heterogenen Aufbau dienen. Den Röntgenkleinwinkeluntersuchungen von *Kratky* und *Miholic* [23] ist zu entnehmen, daß in luftgetrockneten Ammonsulfatfäden durchaus mit Hohlräumen zu rechnen ist. Selbst Viskoseseide enthält, wie *P. H. Hermans* u. Mitarb. [49] zeigten, noch einen beachtlichen Anteil an Mikrohohlräumen.

2.3. *Quecksilber-Porosimetrie*

Eine Methode zum direkten Messen der inneren Hohlraummenge poröser Materialien ist die Quecksilber-Porosimetrie [50, 51, 52]. Wir wandten sie an, um eine quantitative Aussage über das innere Hohlraumvolumen der Ammonsulfatfäden in Abhängigkeit von der Trocknungsart zu erhalten.

Das Prinzip der Quecksilber-Porosimetrie besteht darin, daß Quecksilber in Hohlräume des Versuchsmaterials unter Druck hineingepreßt und die aufgenommene Menge Quecksilber gegen den Druck aufgetragen wird. Die Summe der aufgenommenen Hg-Volumina entspricht der Gesamtporosität der Probe.

Nach der Beziehung

$$p = \frac{-4\sigma \cdot \cos\Theta}{d} = \frac{213}{d},$$

σ = Oberflächenspannung des Hg gegen die Fadenoberfläche (ca. 480 dyn/cm),
Θ = Kontaktwinkel zwischen Hg und Faden (ca. 140 °C)
p = Druck [psi] (1 psi = 0,07031 at),
d = Durchmesser der Poren [μm]

lassen sich die Porendurchmesser berechnen. Ein Anstieg der p/V-Kurve zeigt Hohlräume bei den dem Druck entsprechen-

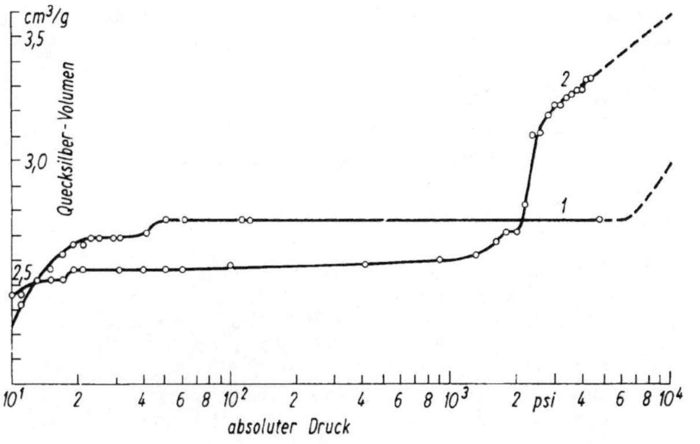

Bild 8. Hg-Aufnahme der luftgetrockneten (1) und gefriergetrockneten (2) Ammonsulfatfäden in Abhängigkeit vom Druck (—— = gemessen mit dem Aminco-Winslow-Porosimeter; --- = ungefährer Kurvenverlauf bei höherem Druck)

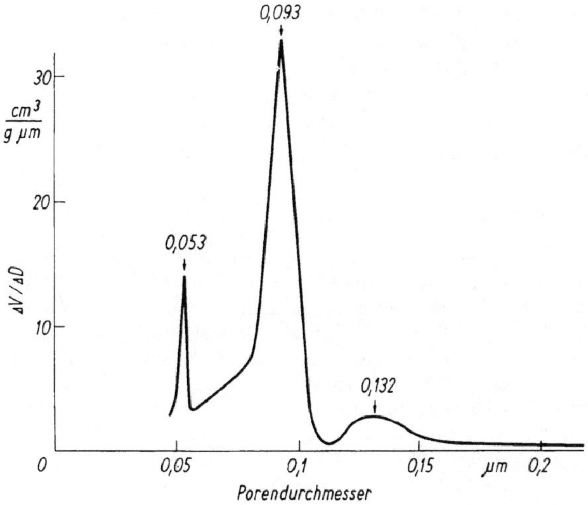

Bild 9. Die Porengrößen- und -volumenverteilung der gefriergetrockneten Ammonsulfatfäden

den Durchmessern an. Die Methode erfaßt je nach angewandtem Druck Poren bis hinab zu 35 Å Durchmesser. Der Verlauf der *p/V*-Kurve läßt sich differenzieren, und man erhält die Porengrößenverteilung. Die Fläche unter den Peaks der Kurve gibt das Volumen bei bestimmten Porendurchmessern an, die Fläche unter dem Gesamtkurvenverlauf das totale Porenvolumen der Probe.

Bild 8 zeigt die Druck/Volumen-Diagramme der luftgetrockneten und der gefriergetrockneten Ammonsulfatfäden. Sie wurden an einem Aminco/Winslow-Porosimeter von 5000 psi (351,5 at) Maximaldruck mit einem Penetrometer von 0,2 ml aufgenommen (American Instruments Co., Silver Spring, Md.). Ebenso wie bei den elektronenmikroskopischen Untersuchungen unterscheiden sich die zwei Proben sehr deutlich voneinander. Die luftgetrocknete Probe läßt von 50 bis 4800 psi keine Quecksilberaufnahme und damit auch keine Porosität erkennen. Die Stufe zwischen 30 und 50 psi entspräche einem Porendurchmesser von 7 bis 4 µm. Da der Durchmesser der Fäden in diesem Bereich liegt, kann das Volumen nicht dem eigentlichen Porenvolumen hinzugerechnet werden; vielmehr muß man annehmen, daß Hohlräume zwischen den dichtgepackten Einzelfäden aufgefüllt wurden.

Die p/V-Kurve der gefriergetrockneten Probe dagegen steigt von 50 bis 1000 psi allmählich an, um dann zwischen 1000 und 4400 psi in drei stärkere Stufen überzugehen. Der langsam ansteigende Kurvenast zeigt Porositäten von 5 bis 0,2 µm an, die aber volumenmäßig gering sind. Die drei Stufen jedoch entsprechen Poren mit mittleren Durchmessern von 0,132, 0,093 und 0,053 µm (Bild 9) und Volumenanteilen von 0,07, 0,51 und 0,09 cm³/g Fadenprobe. Das gesamte innere Porenvolumen der Probe im Bereich von 4,26 bis 0,048 µm Porendurchmesser (50 bis 4400 psi) beträgt 0,77 cm³/g. Im Vergleich zu anderen Viskosefäden ist das ein sehr hoher Wert. So enthält Zellwolle unter vergleichbaren Meßbedingungen nur 0,045 cm³/g (53) und Viskoseseide im Druckbereich 700 bis 4300 psi nur 0,016 cm³/g [54].

Diese Meßergebnisse zeigen, in welchem Maße das Hohlraumsystem der Ammonsulfatfäden durch den direkten Trocknungsprozeß verändert wird: die luftgetrockneten Fäden enthalten oberhalb 450 Å Durchmesser (4800 psi) keine durch Quecksilber penetrierbaren Hohlräume. Das Hauptmaximum der Porenverteilung bei den gefriergetrockneten Fäden liegt dagegen laut Porogramm bei ca. 0,1 µm Porendurchmesser. Dieses Ergebnis stimmt mit den Ultradünnschnitten dieser Probe (Bild 2, siehe auch Bild 9 im Teil I [1]) und mit der Gefrierätzung (Bild 5) insofern überein, daß ein größerer Teil der Hohlräume in diesem Bereich auszumessen ist. Im Randbereich der Fäden erkennt man auch größere Hohlräume bis zu 1 µm Durchmesser. Diese Hohlräume sind jedoch volumenmäßig gering, so daß sie im Porogramm kaum in Erscheinung treten.

Andererseits ist aber dem Bild 1 zu entnehmen, daß die indirekt getrockneten Proben noch sehr viele Hohlräume mit < 500 Å bis hinunter zu 50 Å Durchmesser enthalten, die durch die porosimetrische Messung nicht erfaßt wurden. Dazu reichte der maximale Druck der Apparatur von 5000 psi nicht aus. Höhere Drücke können noch wesentliche Hohlraumvolumina erschließen. Das zeigen die Untersuchungen von *Kubota, Doi* und *Osugi* [54], die bei Viskoseseide von 700 bis 3400 psi (0,3 bis 0,05 µm) nur 0,0016 cm³/g Hohlraumvolumen maßen, dagegen im Bereich von 4300 bis 43000 psi (0,05 bis 0,005 µm) noch eine weitere Quecksilberaufnahme von 0,0144 cm³/g erreichten.

Vergleichmessungen an einem *Carlo-Erba*-Porosimeter AG 65 (Carlo-Erba, Mailand) als Test für den Einfluß höherer Drücke auf das Porenvolumen der Ammonsulfatfäden bestätigen diese Beobachtungen. Im Druckbereich von 4400 bis 11000 psi erfolgt bei den gefriergetrockneten Fäden noch eine stetig ansteigende Quecksilberaufnahme von insgesamt 0,28 cm³/g. Somit enthält diese Probe entsprechend dem angewandten Höchstdruck auch noch Poren bis hinab zu 200 Å Durchmesser.

Die p/V-Kurve der luftgetrockneten Fäden steigt, bei 5500 psi allmählich beginnend, nun auch kontinuierlich bis 11000 psi an. Die Quecksilberaufnahme beträgt 0,26 cm³/g. Das bedeutet, es ist bei sehr kleinen Porendurchmessern eine wesentliche Porosität vorhanden.

Um diese Frage eingehender prüfen zu können, befinden sich genaue Messungen in diesem Bereich und bei noch höheren Drücken in Vorbereitung [55]. Dieser Test bestätigt aber die aus den Dichtemessungen gezogene Schlußfolgerung, daß auch die luftgetrockneten Ammonsulfatfäden ein Hohlraumsystem enthalten.

Zusammenfassung

Als Untersuchungsmaterial dienten Fäden, die an einer einstelligen Laborspinnmaschine aus Viskose bei 20 °C in 2n $(NH_4)_2SO_4$ ersponnen und darin regeneriert wurden (Ammonsulfatfäden). Erfolgt die Entwässerung der Fäden über Lösungsmittelaustausch oder Gefriertrocknung, so besitzen die Fäden eine dreidimensionale Netzstruktur, wie wir durch die Untersuchungen an Ultradünnschnitten zeigen konnten. Das Netz wird aus Fibrillen von ca. 100 Å Durchmessern (90 bis 170 Å) oder ihren Aggregationen aufgebaut. Dazwischen befinden sich Hohlräume von < 100 Å bis 4000 Å.

Weiterhin wurde untersucht, ob durch die Methacrylateinbettung Artefakte an diesem Gelnetz auftreten. Nach *Dlugosz* muß man bei der Methacrylateinbettung unter bestimmten Bedingungen mit einer Polymerisationsquellung rechnen, nämlich dann, wenn man für die Einbettung von Methacrylatmonomeren ausgeht. Wir wandten deshalb diese Methode auf die Ammonsulfatfäden an und fanden ebenfalls die von *Dlugosz* beschriebene Polymerisationsquellung, die den Faden um 1200% seiner Querschnittsfläche aufweitete und zu einem völlig veränderten Strukturbild führte. Daraus ergibt sich, daß wir bei dem von uns angewandten Präparationsverfahren — Einbettung in Vorpolymerisat bei Abwesenheit des Initiators Benzoylperoxid innerhalb der Fäden — nicht mit einer Polymerisationsquellung zu rechnen brauchen. Um dieses Ergebnis weiter abzusichern, zogen wir die Epoxidharzeinbettung und die Gefrierätzung zur Überprüfung heran. Bei der Einbettung in Epoxidharze ist eine Polymerisationsquellung nicht zu befürchten. Die Gefrierätztechnik kommt überhaupt ohne ein übliches Einbettungsmittel aus, so daß hier auch keine Polymerisationsquellung auftreten kann.

Alle Verfahren, sowohl die Einbettung in vorpolymerisiertes Methacrylat als auch die Epoxidharzeinbettung und die Gefrierätztechnik lieferten von den Ammonsulfatfäden einander entsprechende Strukturbilder, so daß wir sicher sind, daß die beschriebene Einbettung in vorpolymerisiertes Methacrylat zu richtigen Ergebnissen kommt und für Ultradünnschnittuntersuchungen an Celluloseregeneratfäden geeignet ist.

Bereits in Teil I dieser Arbeit haben wir gezeigt, daß bei der direkten Trocknung eine Veränderung der Morphologie der Ammonsulfatfäden in der Weise auftritt, daß das Cellulosenetz kollabiert. Oberflächenabdrücke bestätigen diesen Vorgang. Die quecksilberporosimetrische Messung des inneren Porenvolumens der unterschiedlich getrockneten Ammonsulfatfäden zeigen gleichfalls deutliche Unterschiede. Von 50 bis 4400 psi, das entspricht einem Porendurchmesser von 4,26 bis 0,048 µm, enthält die gefriergetrocknete Probe ein Hohlraumvolumen von 0,77 cm³/g, wogegen die luftgetrocknete Probe in diesem Bereich keine Porosität erkennen läßt. Erst bei Anwendung höherer Drücke (bis 11000 psi) nimmt auch sie 0,26 cm³/g Quecksilber auf. Damit kann gesagt werden, daß bei der direkten Trocknung die Netzstruktur der Gelfäden nicht vollständig kollabiert, sondern noch ein zusammenhängendes Hohlraumsystem zurückbleibt.

Die porosimetrisch ermittelte Porengrößenverteilung in den gefriergetrockneten Ammonsulfatfäden mit einem Hauptmaximum bei ca. 0,1 µm stimmt mit den Ultradünnschnittuntersuchungen größenordnungsmäßig überein. Die Anwendung höherer Drücke bis zu 11000 psi ließ erkennen, daß die im Ultradünnschnitt sichtbaren, sehr kleinen Hohlräume ebenfalls porosimetrisch zugänglich sind. Daraus können wir schließen, daß Quecksilber-Porosimetrie und Ultradünnschnittuntersuchungen einander ergänzende Methoden zur Strukturaufklärung von Fäden sind.

Literatur

[1] *Gröbe, A.*, und *Gensrich, H. J.*: Elektronenmikroskopische Untersuchungen an Ultradünnschnitten von Celluloseregeneratfäden. Teil I: Präparationsmethoden. Faserforsch. u. Textiltechnik **20** (1969) 3, S. 118–124.

[2] *Beebe, E. V.*, *Coalson, R. L.*, und *Marchessault, R. H.*: Characterisation of cellulose gels by small angle light scattering. J. Polymer Sci., C: Polymer Symposia (1966) 13, S. 103–122.

[3] *Coalson, R. L.*, *Day, A.*, und *Marchessault, R. H.*: The structure of cellulose gels by light scattering and thin section electron microscopy. Vortrag: Second Internat. Symposium on Viscose Technical Questions, Stockholm, 2. bis 4. Oktober 1967.

[4] *Beebe, E.*, und *Marchessault, R. H.*: Scattering of light by gel structures. I. Regenerated cellulose. J. appl. Physics **35** (1964) S. 3182–3187.

[5] *Dolmetsch, H.*, und *Dolmetsch, H.*: Über die Beziehungen zwischen Kristalliten, Elementarfibrillen und zugänglichen Bereichen in Cellulosefasern, insbesondere Holzfaserzellwänden. Papier **22** (1968) S. 1–11.

[6] *Wallner, L.*: Die Möglichkeiten übermikroskopischer Strukturaufklärung an Fasern. Melliand Textilber. **23** (1942) 4, S. 158–162; 5, S. 211–214; 6, S. 261–264.

[7] *Rånby, B.*, in: *A. S. Stenius*: The fibrillar structure of the wood cellulose fibre. Svensk Papperstidn. **37** (1954) S. 17–18.

[8] *Dolmetsch, H.*: Die übermolekulare Struktur der Cellulose. Melliand Textilber. **45** (1964) S. 12–20.

[9] *Treiber, E.*: Die Chemie der Pflanzenzellwand. Berlin: Springer, 1957.

[10] *Fengel, D.*: Beiträge zum übermolekularen Bau von Cellulose und Polyosen. Papier **21** (1967) S. 635–645.

[11] *Sarkov, V. I.*: Moderne Vorstellungen über die übermolekulare Struktur der Cellulose. Usp. Chimii (Fortschr. Chemie) **36** (1967) 2, S. 312–328.

[12] *Frey-Wyssling, A.*, *Mühlethaler, K.*, und *Muggli, R.*: Elementarfibrillen als Grundbausteine der nativen Cellulose. Holz Roh- u. Werkstoff **24** (1966) S. 443–444.

[13] *Hock, Ch. W.*: An electron-microscopical examination of rayon. Textile Res. J. **18** (1948) S. 366–371.

[14] *Manley, R. St.*, und *Inone, S.*: The fine structure of regenerated cellulose. J. Polymer Sci., B: Polymer Letters **3** (1965) S. 691–695.

[15] *Dlugosz, J.*, und *Michie, R. I. C.*: The fine structure of regenerated cellulose as revealed by chemical swelling. Polymer, London **1** (1960) S. 41–55.

[16] *Berestnev, V. A.*: Über die übermolekulare Struktur von Faserstoffen und die Strukturabhängigkiet ihrer mechanischen Eigenschaften. Chim. Volokna (Chem. Faser) (1964) 6, S. 4–13; dt. in: Sowj. Beitr. Faserforsch. Textiltechnik (1965) S. 239–252.

[17] *Morehead, F. F.*: Ultrasonic disintegration of cellulose fibers before and after acid hydrolysis. Textile Res. J. **20** (1950) S. 549–553.

[18] *Mühlethaler, K.*: An electron microscopic study of the structure of viscose silk. Experimentia, Basel **6** (1950) S. 226–233.

[19] *Frey-Wyssling, A.*: Elektronenmikroskopie gelöster und gefällter Cellulose. Makromol. Chemie **7** (1951) S. 163–167.

[20] *Ribi, E.*: Über den Feinbau der Viskoseseide. Arkiv Kemi **2** (1951) S. 551–566.

[21] *Drisch, N.*: Structure of „Polynosic" fibres. Svensk Papperstidn. **65** (1962) S. 118–121.

[22] *Jayme, G.*, und *Balser, K.*: Beiträge zur Strukturaufklärung von Viskosezellglas. Teil II: Elektronenmikroskopische Untersuchungen an Feuchtabdrücken und Ultradünnschnitten von nie getrocknetem Gelband. Papier **19** (1965) S. 572–581.

[23] *Kratky, O.*, und *Miholic, G.*: Small-angle-X-ray investigations with absolute intensity measurements on regenerated, air-swollen cellulose J. Polymer Sci., Part C: Polymer Symposia (1963) 2, S. 449—476.
[24] *Hermans, P. H.*, und *De Leeuw, A. J.*: Beiträge zur Kenntnis des Deformationsmechanismus und der Feinstruktur der Hydratcellulose. II. Deformationsmechanismus, Quellungsanisotropie und mechanische Eigenschaften stark gequollener Hydratcellulosegele. Kolloid-Z. **81** (1937) S. 300—326.
[25] *Hermans, P. H.*: Physics and chemistry of cellulose fibres. New York/Amsterdam/London/Brüssel: Elsevier Publ. Co. 1949, S. 77 und 344.
[26] *Treiber, E.*, *Fex, O. F.*, *Rehnström, J.*, und *Piova, M.*: Zur Frage der genormten Auflösung von Standardviskose im Laboratorium. Beitrag zu Problemen der Auflösung von Cellulosexanthogenat. Svensk Papperstidn. **58** (1955) 8, S. 287—295.
[27] *Treiber, E.*, und *Meyer, H.*: Zur Frage des Lösungszustandes von Viskose. Holzforschung **12** (1958) S. 1 bis 8.
[28] *Manley, R. St. J.*, und *Bengtsson, A.*: Supermolecular particles in viscose solutions. Svensk Papperstidn. **61** (1958) S. 471—474.
[29] *Treiber, E.*: The state of solution of technical viscose J. Polymer Sci. **51** (1961) S. 297—315.
[30] *Treiber, E.*: Lösungsinhomogenitäten in technischen Viskoselösungen. Papier **21** (1967) S. 124—132.
[31] *Schurz, J.*, und *Schäfer, K.*: Rheologische Untersuchungen an Cellulose, gelöst in EWNN. Papier **14** (1960) S. 139—148.
[32] *Schurz, J.*: Neuere Untersuchungen über den Lösungszustand von Celluloselösungen. Abh. Dt. Akad. Wiss. Berlin, Kl. Chemie, Geologie und Biologie (1965) 3, S. 113—122.
[33] *Schurz, J.*: Lösungen und Schmelzen von Hochpolymeren. Rheologica Acta **5** (1966) 2, S. 75—78.
[34] *Schurz, J.*: Mäßig konzentrierte Lösungen. Papier **21** (1967) 2, S. 70—73.
[35] *Schurz, J.*: Verdünnte Lösungen. Papier **21** (1967) 1, S. 10—13.
[36] *Bueche, F.*: Viscosity, sels-diffusion, and allied effects in solid polymers. J. chem. Physics **20** (1952) S. 1959 bis 1964.
[37] *Bueche, F.*: Physical Properties of Polymers. New York/London: Interscience Publ. 1962.
[38] *Schurz, J.*: Strukturrheologische Untersuchungen an konzentrierten Lösungen, Schmelzen und Pasten. Papier **22** (1968) 9, S. 529—533.
[39] *Dlugosz, J.*: Die Feinstruktur der Baumwolle, enthüllt durch die Quellung während der Methacrylat-Einbettung. Polymer, London **6** (1965) S. 427—436.
[40] *Kassenbeck, P.*: Application de l'ultramicrotomie a l'étude de la structure fine des fibres de rayonne viscose. Bull. Inst. Textile France (1956) 61, S. 7—15.
[41] *Jayme, G.*, und *Bergh, N.-O.*: Über die Vermeidbarkeit von Polymerisationsartefakten bei der Methacrylateinbettung für Dünnschnittelektronenmikroskopie. Holz Roh- u. Werkstoff **26** (1968) 11, S. 427—429.
[42] *Gröbe, A.*, *Maron, R.*, und *Purz, H.-J.*: Versuche zur Untersuchung des Lösungszustandes verdünnter Na-Cellulosexanthogenatlösungen im Elektronenmikroskop. Faserforsch. u. Textiltechnik **17** (1966) 10, S. 457—461.
[43] *Gröbe, A.*, *Maron, R.*, und *Purz, H.-J.*: Darstellung des Lösungszustandes verdünnter Na-Cellulosexanthogenatlösungen im Elektronenmikroskop. Mber. dt. Akad. Wiss. Berlin **9** (1967) 4/5, S. 319—322.
[44] *Maron, R.*, *Gröbe, A.*, und *Purz, H.-J.*: Investigations on the state of dissolution in viscose by freeze etching. Svensk Papperstidn. **70** (1967) S. 715—718.
[45] *Maron, R.*, *Gröbe, A.*, *Klare, H.*, und *Casperson, G.*: Versuche zur Untersuchung der koagulierenden Wirkung von Viskosespinnbädern. Faserforsch. u. Textiltechnik **14** (1963) S. 313—319.
[46] *Hermans, P. H.*: Physics and chemistry of cellulose fibers. New York/Amsterdam/London/Brüssel: Elsevier Publ. Co. 1949, S. 197ff.
[47] *Winkler, F.*, *Homann, G.*, und *Götze, W.*: Dichtebestimmung an Faserstoffen. III. Eigene Untersuchungen: Meßeinrichtung und Meßverfahren. Faserforsch. u. Textiltechnik **20** (1969) 2, S. 80—86.
[48] *Hermans, P. H.*, *Hermans, J. J.*, und *Vermaas, D.*: Density of cellulose fibers. II. Density and refractivity of model filaments. J. Polymer Sci. **1** (1946) S. 156 bis 161.
[49] *Hermans, P. H.*, *Keikens, D.*, und *Weidinger, A.*: A quantitative investigation on the X-ray small angel scattering of cellulose-fibers. Part III. The scattering of various cellulose fibers. J. Polymer Sci. **35** (1959) S. 145—165.
[50] *Quynn, R. G.*: Internal volume in fibers. Textile Res. J. **33** (1963) S. 21—34.
[51] *Wagner, E. F.*: Porosimetrie — Eine Methode zur Charakterisierung von Faseroberflächen. Z. ges. Textilind. **68** (1966) 6, S. 417—424.
[52] *Jüntgen, H.*, und *Schwuger, M.*: Aussagekraft der Quecksilber-Porosimetrie bei der Charakterisierung poröser Stoffe. Chemie-Ing.-Technik **38** (1966) S. 1271 bis 1278.
[53] *Wagner, E. F.*: Weitere Untersuchungen über die Porosität von Faseroberflächen nach der Quecksilber-Aufdruckmethode. Z. ges. Textilind. **69** (1967) S. 468—472.
[54] *Kubota, K.*, *Doi, T.*, und *Osugi, J.*: Pore volume regenerated cellulose fibers. Sen-i Gakkaishi (J. Soc. Fiber Sci. Technol. Japan) **22** (1966) S. 356—360.
[55] *Gröbe, A.*, und *Paul, D.*: Porosimetrische Untersuchungen an Celluloseregeneratfäden. Faserforsch. u. Textiltechnik, in Vorbereitung.

Eingegangen am 7. Februar 1969

Beitrag zur Bestimmung des Gelteilchengehaltes in Viskosen

Heinz Pass und Christoph Michels

VEB Chemiefaserwerk Schwarza „Wilhelm Pieck"[1], Rudolstadt/Thür., Produktionsbereich Viskosefaser

DK 661.728.84:541.182:541.182.644

Es wird von einer Eichmethode für das Gelteilchenzählgerät ZG1 vom VEB TUR Dresden berichtet, die ohne Anwendung von Pollen oder Plastikkügelchen aufbauend auf den Gerätekonstanten gut reproduzierbare Partikelzählungen ermöglicht.

К вопросу об определении содержания геликов в вискозных растворах

Описан метод калибровки счетчика геликов ZG 1 (народное предприятие ТУР, Дрезден), позволяющий проводить определение содержания геликов с хорошей воспроизводимостью без применения пыльцевых зерен или пластмассовых шариков.

Contribution to the Determination of the Gel Particle Content in Viscose

A method for calibrating the gel particle counter ZG1, VEB TUR Dresden, is presented that allows to obtain reproducible data only by controlling the parameters of the device, thus eliminating the use of pollen or plastic spheres as calibration substances.

1. *Einführung und Problemstellung*

Die Beurteilung des Lösungszustandes von Viskose erfolgt in erster Linie durch die Ermittlung des Filterwertes und des Partikelgehaltes. Von diesen Prüfmethoden hat besonders die Gelteilchenbestimmung in den letzten Jahren an Bedeutung gewonnen, da durch sie auch die Güte von Spinnlösungen hinreichend charakterisiert werden kann. Von den nach konduktometrischem Prinzip arbeitenden Meßgeräten, die zur Ermittlung der Größenverteilung und Zählung der Partikel dienen, sind der „Coulter Counter", Coulter Industrial Sales Co. Elmhurst, das „Celloscope" der Fa. AB L. Ljungberg Stockholm und das Teilchengerät ZG 1 vom VEB TUR Dresden in Anwendung. Ihre Funktionsweise wurde in der Literatur von *Kolos* [1, 2) und *Heidenreich* [3, 4] mehrfach beschrieben, so daß an dieser Stelle auf eine ausführliche Darstellung verzichtet werden soll.

Die Anwendungsbereiche und Meßgenauigkeit dieser Geräte wird durch die verwendete Eichmethode bestimmt. Bekannt ist die Eichung mit Pollen [1] oder die mit Plastikkugeln [5]. Wenn mit Plastikkugeln auch bessere Eichergebnisse als mit Pollen erreicht werden sollen, so haften doch beiden Methoden entscheidende Mängel an, die die Meßgenauigkeit und Vergleichbarkeit wesentlich beeinflussen.

Nachteilig auf die Eichung wirken sich folgende Faktoren aus:

a) Die Pollen und Plastikkugeln besitzen bezüglich ihrer Größe ein mehr oder weniger breites Verteilungsspektrum.
b) Die bei der Eichung vorausgesetzte *Gauß*sche Verteilung ist nicht in jedem Fall gewährleistet.
c) Die sich einstellende Eigenleitfähigkeit der Pollen in der Eichlösung ist unbekannt.
d) Die Eichung mit Pollen oder Plastikkugeln ist verhältnismäßig arbeitsaufwendig.

Es erschien uns deshalb sinnvoll, eine Methode zu entwickeln, die eine von diesen Faktoren unabhängige Eichung gestattet. Unter diesem Aspekt kommt nach unserer Auffassung nur eine Methode in Frage, die auf der Berechnung des Spannungsimpulses beruht, der beim Durchgang eines Teilchens durch die Düsenbohrung entsteht.

2. *Berechnung der vom Teilchendurchmesser abhängigen Variablen*

Der beim Durchgang eines Teilchens durch die Düsenbohrung entstehende Spannungsimpuls ist durch das *Ohm*sche Gesetz gegeben:

$$\Delta U = I \cdot \Delta R. \tag{1}$$

Da an den Elektroden bei entsprechender Empfindlichkeitseinstellung ein konstanter Strom liegt, muß die Widerstandsänderung ΔR berechnet werden. Unter Verwendung der Bezeichnungen von Bild 1 ergibt sich bei Abwesenheit eines Teilchens der Widerstand der Düsenbohrung zu

$$R = \frac{4\ L}{\varkappa_1 \pi D^2}. \tag{2}$$

Tritt ein Teilchen, das zur Vereinfachung der Berechnung als ein Zylinder vom Durchmesser und der Länge d_z angenommen wurde, durch die Apertur, so folgt die Widerstandsänderung

$$\Delta R = \frac{4\,(L - d_z)}{\varkappa_1 \pi D^2} + R_R - R. \tag{3}$$

Einsetzen der Gleichung (2) in (3) führt zu der Beziehung

$$\Delta R = R_R - \frac{4 d_z}{\varkappa_1\ \pi D^2}. \tag{4}$$

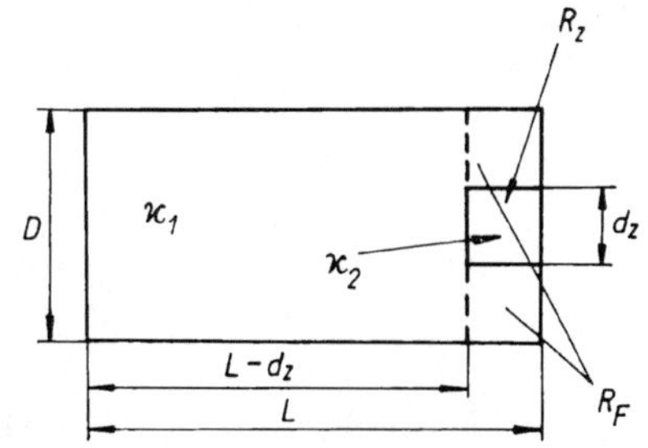

Bild 1. Schematische Darstellung einer Düsenbohrung mit eingetretenem Teilchen

$\varkappa_1$ = Leitfähigkeit der Lösung
$\varkappa_2$ = Leitfähigkeit des Teilchens
L = Länge der Düsenbohrung
d_z = Länge und Durchmesser des Teilchens
R_z = Widerstand des Teilchens
R_F = Widerstand des Flüssigkeitsringes
D = Durchmesser der Düsenbohrung

[1]) Jetzige Anschrift von *C. Michels*: Institut für Textiltechnologie der Chemiefasern, 6822 Rudolstadt-Schwarza.

Der Widerstand R_R setzt sich aus den Widerständen des Teilchens R_z und dem des Flüssigkeitsringes R_F zusammen:

$$R_z = \frac{4d_z}{\varkappa_2 \pi d_z^2}, \tag{5a}$$

$$R_F = \frac{4d_z}{\varkappa_1 \pi (D^2 - d_z^2)}. \tag{5b}$$

Beide Widerstände sind parallel geschaltet, so daß für R_F folgt:

$$R_R = \frac{4d_z}{\varkappa_1 \pi D^2 + \varkappa_2 \pi d_z^2 - \varkappa_1 \pi d_z^2}. \tag{5c}$$

Durch Einsetzen der Gleichung (5c) in die Beziehung (4) erhält man für ΔR:

$$R = \frac{4d_z^3}{\varkappa_1 \pi D^4 \left[1 - \frac{d_z^2}{D^2}\left(1 - \frac{\varkappa_2}{\varkappa_1}\right)\right]} \cdot \left(1 - \frac{\varkappa_2}{\varkappa_1}\right). \tag{6}$$

Da der Durchmesser des Teilchens d_z wesentlich kleiner als der Durchmesser der Düsenbohrung D ist und $\varkappa_2$ kleiner $\varkappa_1$, kann man den Klammerausdruck im Nenner der Gleichung (6) vernachlässigen und gelangt zu der einfachen Beziehung

$$\Delta R = \frac{4d_z^3}{\varkappa_1 \pi D^4}\left(1 - \frac{\varkappa_2}{\varkappa_1}\right). \tag{7}$$

Die Angabe des Teilchendurchmessers erfolgt im allgemeinen für die Kugel. Deshalb erhält man bei Gleichsetzung des Zylindervolumens vom Durchmesser und der Länge d_z mit dem Volumen einer Kugel mit dem Durchmesser d_k aus Gleichung (7)

$$\Delta R = \frac{8}{3\pi} \cdot \frac{d_k^3}{\varkappa_1 D^4}\left(1 - \frac{\varkappa_2}{\varkappa_1}\right). \tag{8}$$

Einsetzung von Gleichung (8) in die Beziehung (1) liefert dann die auftretende Spannungsänderung beim Durchtritt eines Teilchens durch die Düsenbohrung:

$$\Delta U = J \frac{8}{3\pi} \cdot \frac{d_k^3}{\varkappa_1 D^4}\left(1 - \frac{\varkappa_2}{\varkappa^1}\right). \tag{9}$$

Die nun folgenden Betrachtungen gelten streng nur für das Gelteilchenzählgerät ZG 1 vom VEB TUR Dresden[2]).

Durch die Wahl der entsprechenden Empfindlichkeitseinstellung J_s und des unteren Diskriminators DSu wird am Teilchenzählgerät ZG 1 eine bestimmte Impulshöhe eingestellt, die durch folgende Beziehungen gegeben ist:

$$\Delta U = \frac{(DSu + 1) \cdot \Delta u_D}{v \cdot \alpha}; \tag{10}$$

[2]) Herrn Dipl.-Ing. *Pfeiffer* vom WTZ Dresden sei an dieser Stelle für die freundliche Übermittlung der Gerätekonstanten des ZG 1 sowie für die methodischen Hinweise gedankt.

Δu_D ist ein konstanter Spannungswert von 1,5 V.
v ist der Verstärkungsfaktor des Gerätes. Er hat die Größe von $3{,}75 \cdot 10^4$.
α ist ein Gerätefaktor, der berücksichtigt, daß die Messung unter Belastung vorgenommen wird; sein Wert beträgt bei Düsenbohrungen von 200, 140, 100 und 80 µm in der Reihenfolge der Durchmesser 1,00; 1,06, 1,10 und 1,12.

In Gleichung (10) muß der Ausdruck $(DSu + 1)$ eingeführt werden, da beim Teilchenzählgerät ZG 1 für die Diskriminatorstellung $DSu = 0$ eine Spannung von 1,5 V anliegt.

Für eine bestimmte Größe von d_k muß Δu in Gleichung (9) und (10) gleich groß sein, so daß beide Beziehungen gleichgesetzt werden können. Die Umstellung nach d_k liefert die Beziehung

$$d_k^3 = \frac{3\pi}{8} \cdot \frac{D^4 (DSu + 1)\, \Delta u_D \cdot \varkappa_1}{J \cdot \alpha\, v}\left(1 - \frac{\varkappa_2}{\varkappa_1}\right). \tag{11}$$

Für ein bestimmtes System sind in Gleichung (11) außer DSu und J alle anderen Größen konstant, so daß man sie zu einer neuen Konstanten K_d zusammenfassen kann.

Wird berücksichtigt, daß der Düsenstrom bei Erhöhung der Empfindlichkeitseinstellung J_s sich jeweils um eine Einheit verdoppelt und der minimale Düsenstrom $2{,}3 \cdot 10^{-6}$ A beträgt, so lassen sich die Stellungen $J_s = 1 \ldots 9\ J$ durch

$$J = J_{\min} \cdot 2^{J_s - 1} \tag{12a}$$

und die Stellung $J_s = 10\ J$ durch

$$J = J_{\min} \cdot 2^{J_s - 1{,}3} \tag{12b}$$

ausdrücken.

Die Größe des Düsenstromes ist für die einzelnen ausgelieferten Geräte nicht in jedem Falle gleich. Es empfiehlt sich deshalb, die Stromgrößen in den einzelnen Empfindlichkeitsstufen experimentell zu bestimmen und bei größeren Abweichungen die ermittelten Werte für die Berechnung zu verwenden.

Einsetzen der Beziehung (12a) bzw. (12b) in die Gleichung (11) liefert für den Teilchendurchmesssr d_k und die Konstante K_d folgende Gleichungen:

$$d_k = K_d \cdot \sqrt[3]{\frac{DSu + 1}{2^{J_s - 1}}}, \tag{13a}$$

$$d_k = K_d \cdot \sqrt[3]{\frac{DSu + 1}{2^{J_s - 1{,}3}}}, \tag{13b}$$

$$K_d = \sqrt[3]{\frac{3\pi\varkappa_1 D^4 \Delta u D}{8\, J_{\min} \cdot \alpha \cdot v}\left(1 - \frac{\varkappa_2}{\varkappa_1}\right)}. \tag{14}$$

Aus den Gleichungen (13a) und (13b) folgt, daß für ein bestimmtes System der Teilchendurchmesser d_k eindeutig durch die Diskriminator- und Empfindlichkeitseinstellung festgelegt ist.

Ähnliche Berechnungen wurden für pulvrige, aus kugelförmigen Teilchen bestehende Substanzen der Leitfähigkeit $\varkappa_2 \to 0$ von *Heidenreich* [4] durchgeführt.

Die Konstante K_d läßt sich bei Kenntnis von $\varkappa_1$ und $\varkappa_2$ nach Beziehung (14) berechnen.

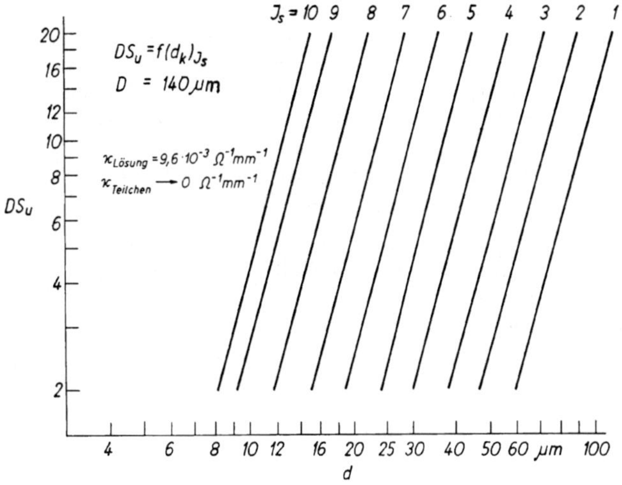

Bild 2. Numerische Auswertung der Gleichung (13a)

Die Leitfähigkeit der Lösung $\varkappa_1$ wurde von uns unter Anwendung der Standardverdünnung für Teilchenmessungen in Viskosen nach *Kolos* [1, 2] bei 25 °C zu $9{,}6 \cdot 10^{-2}\,\Omega^{-1}\,\text{cm}^{-1}$ bestimmt. Wir wählten diese Temperatur, weil zumeist die Angabe der Leitfähigkeit bei 25 °C erfolgt, diese auch überwiegend den klimatischen Verhältnissen im Labor entspricht und unsere Proben grundsätzlich zwecks Ausgang von gleichen Bedingungen vor ihrer Messung 1 h bei 25 °C im Wasserbad aufbewahrt werden. — Für Harzpartikel und anorganische Teilchen kann die Eigenleitfähigkeit vernachlässigt werden, so daß das Glied $(1 - \varkappa_2/\varkappa_1)$ in Gleichung (14) wegfällt. Diese Voraussetzung ist jedoch für die eigentlichen Gelteilchen nicht erfüllt. Sie haben, setzt man, wie von *Kolos* [1] angegeben, einen mittleren Cellulosegehalt der Teilchen von 12% voraus, eine Leitfähigkeit von $3{,}75 \cdot 10^{-2} \cdot \Omega^{-1}\,\text{cm}^{-1}$

Da eine getrennte Messung der Teilchen verschiedener Leitfähigkeit nicht möglich ist, muß man sich darüber im klaren sein, daß bei Teilchenmessungen in Viskosen stets die eine oder die andere Art über- oder unterbewertet wird.

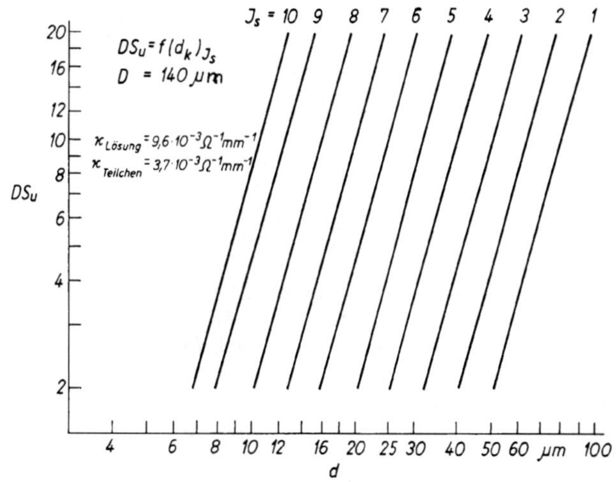

Bild 3. Numerische Auswertung der Gleichung (13b)

Die numerische Auswertung der Gleichung (14) liefert für $\varkappa_2 = 0$ bei Anwendung einer 140 µm Düse eine Konstante $K_d = 41{,}5$ µm und für $\varkappa_2 = 3{,}75 \cdot 10^{-2}\,\Omega^{-1}\,\text{cm}^{-1}$ ein $K_d = 35{,}2$ µm.

Die grafische Darstellung der numerischen Auswertung der Gleichungen (13a) und (13b) mit den beiden Konstanten zeigen die Bilder 2 und 3. Die aus der Beziehung $DSu = f(d_k)_{J_s}$ gezeichneten Diagramme gestatten die Zählung jeder gewünschten Teilchengröße zwischen 8 und 90 µm, was der Leistungsgrenze des Gerätes für eine Düse mit 140 µm-Bohrung entspricht. Für die Zählung kleinerer bzw. größerer Teilchen müssen dementsprechend kleinere bzw. größere Düsen verwendet werden. So lassen sich z. B. bei Vernachlässigung der Eigenleitfähigkeit der Teilchen mit $D = 200$ µm Partikel zwischen 13 bis 160 µm und mit $D = 80$ µm solche zwischen 3 bis 40 µm ermitteln.

3. *Erfahrungen bei der Teilchenzählung mit dem ZG1 nach der neuen Eichmethode*

Zur Überprüfung der Anwendbarkeit der neuen Eichmethode wurden die nachfolgenden Faktoren überprüft.

3.1. *Konstanz der elektrischen Größen*

Voraussetzung für eine einwandfreie Messung ist die Konstanz der vom Teilchenzählgerät ZG1 abhängigen Größen Δu_D, J, V und α sowie eine genaue Kenntnis des Düsendurchmessers D. Der Düsendurchmesser wurde mikroskopisch mit einem Fehler von ± 2 µm vermessen. Die Überprüfung der Apparatekonstanten erfolgte über einen längeren Zeitraum an drei Geräten verschiedenen Alters und zeigte keine wesentlichen Veränderungen in den Kenndaten.

Zur Beschaffenheit der Düsenbohrung ist zu bemerken, daß sie für eine exakte Messung einen Zylinder darstellen muß, der über seine gesamte Länge einen gleichmäßigen Querschnitt besitzt. Diese Bedingung scheint offenbar nicht in jedem Fall erfüllt zu sein, was dazu führt, daß bei einigen Düsen trotz gleichen Eingangsdurchmessers unterschiedliche Zählergebnisse erhalten werden.

Tabelle 1. Vergleichsmessungen an drei unterschiedlich gereinigten Viskosen

d [µm]	DSu	J_s	Teilchenzahl Viskose 1	Viskose 2	Viskose 3
10	2,8	9	149000	90000	50000
	4,5	10	145000	86000	52500
20	2,5	6	30000	12000	3100
	5,8	7	28500	10800	3000
	13,5	8	28000	11500	2900
30	2,1	4	2550	520	140
	4,7	5	2250	440	180
	10,6	6	2600	430	170

Die angegebenen Teilchenzahlen sind Durchschnittswerte von 5 Einzelmessungen, die jeweils auf 1 g Cellulose bezogen wurden.

3.2. *Teilchenmessungen bei verschiedenen Einstellungen des Diskriminators und des Düsenstromes*

Wie aus dem Diagramm in Bild 2 hervorgeht, ist die Teilchenmessung für einen bestimmten Durchmesser bei verschiedenen Einstellungen von *DSu* und J_s möglich. Demzufolge müßten bei guter Linearität des Diskriminators für eine definierte Teilchengröße auch jeweils gleiche Teilchenzahlen ermittelt werden. Die Ergebnisse einer unter diesem Aspekt an drei unterschiedlich gereinigten Viskosen durchgeführten Vergleichsmessung zeigt Tabelle 1.

3.3. *Vergleichende Messungen an verschiedenen Teilchenzählgeräten*

Zur Ermittlung der Abweichungen im Zählergebnis bei Messungen mit verschiedenen Teilchenzählgeräten wurde jeweils von einer Viskose bei gleicher Einstellung von *DSu* und J_s das Teilchenspektrum an drei Geräten bestimmt. Die Ergebnisse zeigt Tabelle 2.

Die hier an den Geräten ausgewiesenen Zählergebnisse wurden mit drei Düsen ermittelt, die bei Austausch jeweils in den Viskosen die gleichen Partikelgehalte erbrachten. Ansonsten konnte beobachtet werden, daß bei Einsatz verschiedener Düsen gleichen vermessenen Querschnittes an einem Gerät Ergebnisse erhalten werden, die, abgesehen von wenigen Ausnahmen, eine Streuung von maximal $\pm$ 10% ergaben.

Zur Kontrolle der Abweichungen bzw. zur täglichen Überprüfung der exakten Arbeitsweise der Gelteilchengeräte, die sich vor allem beim Vorhandensein nur einer Apparatur bewähren dürfte, empfehlen wir die Anwendung **einer Testlösung mit polydispers verteiltem PVC-Pulver.** Für ihre Herstellung werden 2 g PVC-Pulver S 60 vom VEB Chemische Werke Buna in 1 l 2%ige Verdünnungslauge gegeben und das erhaltene Gemisch 2 h gerührt. Danach erfolgt nach 2 h Absetzen die Dekantierung. Das so erhaltene Lösungsgemisch wird zweimal durch ein mehrfach gefaltetes DEDERON-Gewebe mit der Maschenweite 40 µm gegossen. Im Ergebnis dieser Filtration erhält man eine Lösung, die in den zu messenden Partikelgrößen eine gute Verteilung aufweist. Diese Lösung ist vor dem jeweiligen Testen 1 h zu rühren.

Tabelle 2. *Vergleichsmessungen mit drei Teilchenzählgeräten*

Viskose	*d* [µm]	*DSu*	*Js*	Teilchenzählgerät I	II	III
1	>10	4,5	10	50800	52400	53000
	>20	5,8	7	1000	1060	940
	>30	4,7	5	400	380	450
2	>10	4,5	10	33100	31100	31000
	>20	5,8	7	780	800	840
	>30	4,7	5	180	190	240
3	>10	4,5	10	120000	112000	120000
	>20	5,8	7	23500	21400	23000
	>30	4,7	5	2080	1900	2140

Die Übereinstimmung der Teilchenzahlen ist recht gut und liegt — abgesehen von den Teilchen größeren Durchmessers — innerhalb der Fehlergrenze des Gerätes.

4. *Zusammenfassung*

Durch die Herstellung einer Beziehung zwischen dem Gelteilchendurchmesser und den Gerätekonstanten des Gelteilchenzählgerätes ZG 1 vom VEB TUR Dresden wurde eine Methode entwickelt, die bei Anwendung einer Düse mit definierter Düsenbohrung eine gut reproduzierbare Partikelzählung in Viskose gestattet.

Der wesentlichste Vorteil dieser Methode besteht darin, daß damit die zeitraubende Geräteeichung mit Pollen und Plastikkugeln, die zudem mit wesentlichen Mängeln behaftet ist, entfällt.

Literatur

[1] *Kolos, F.:* Voraussetzungen für die konduktometrische Bestimmung der Teilchenverteilung in Viskose. Svensk Papperstidn. **64** (1961) 15, S. 533—544.
[2] *Kolos, F.*, und *Treiber, E.:* Teilchenbestimmung in Viskoselösungen. Svensk Papperstidn. **64** (1961) 16, S. 577 bis 588.
[3] *Heidenreich, E.:* Zur Messung mit dem Teilchenzählgerät TUR ZG. 1. Technik **21** (1966) 1, S. 1—7.
[4] *Heidenreich, E.:* Ein Beitrag zur Analyse von Mikrokörnungen. Firmenschrift des TUR Dresden (1967).
[5] *Wängberg, L., Lidbrandt, O.*, und *Treiber, E.:* Die Eichung des konduktometrischen Teilchenzählers, Typ Celloscope 202. Svensk Papperstidn. **69** (1966) 18, S. 601—609.

Eingegangen am 13. März 1969

Inhomogenitäten in Buchensulfitzellstoff-Viskosen und ihr Einfluß auf den Spinnprozeß[1]

Horst Sendner, Karl Zimmermann, Reinhard Büchner und Anneliese Gründling

VEB Filmfabrik Wolfen, Abt. Forschung und Entwicklung Chemiefaser

DK 661.728.84:677.463.021.5:541.182:658.562.
658.588.002.234

Die vorliegende Arbeit befaßt sich mit dem Einfluß der Inhomogenitäten auf den Viskosespinnprozeß. Durch Partikelzählungen und Lichtdurchlässigkeitsmessungen an Betriebsviskosen eines Viskosefaser-Großbetriebes wird der Einfluß des Zellstoff-Extraktgehaltes auf die Spinnsicherheit nachgewiesen. Des weiteren wird eine Methode zur Erarbeitung eines „Viskosepasses" zur Diskussion gestellt, durch den Störungen in den einzelnen Stufen des betrieblichen Viskosierprozesses durch Partikelzählung lokalisiert werden können.

Влияние геликов в вискозных растворах, полученных из буковой сульфитной целлюлозы, на процесс формования волокна

Изучено влияние геликов в вискозе на процесс формования волокна. При помощи определения числа геликов и измерения транспарентности производственных вискоз из завода вискозного штапельного волокна показано влияние содержания экстрагируемых веществ в целлюлозе на постоянство процесса формования. Кроме того, обсужден метод разработки „технического паспорта" вискозы, позволяющего локализировать нарушение отдельных стадий процесса производства вискозы путем проведения подсчета числа геликов.

Inhomogenities in Viscose obtained from Beech Sulfite Pulp and its Effect on the Spinning Process

By particle counting and measuring the transparence the spinning performance of industrial scale rayon viscose has been proved to be affected by the amount of pulp extracts. A method for establishing a viscose passage allowing to localize disturbances in the various stages of viscose preparation by particle counting is discussed.

1. *Einleitung*

Es ist oftmals nicht möglich, aus den Kontroll-Viskoseanalysen der Betriebslaboratorien Veränderungen des Spinnbildes befriedigend zu erklären. Diese Analysen dienen der Kontrolle betrieblicher Parameter. Treten trotz Einhaltens dieser Kennwerte permanente Spinnstörungen auf, ist vielfach eine Konsolidierung schwierig. Es erschien daher sinnvoll, für die Betriebslaboratorien Meßmethoden zu erarbeiten, die sowohl der Ansatzkontrolle dienen können als auch der Kennzeichnung spezieller betrieblicher Störungen. Sowohl die konduktometrische Partikelzählung als auch die Messung der Lichtdurchlässigkeit von Viskoselösungen haben sich als Meßmethode bei der Bearbeitung der eingangs formulierten Problematik bewährt.

Es ist vorgesehen, in weiteren Veröffentlichungen zu den Problemen der Entstehung von Partikeln in einzelnen Viskosierstadien Stellung zu nehmen. Aus diesem Grund werden in dieser Veröffentlichung auch spezielle Fragestellungen, wie z. B. die betrieblichen Probleme der Alkalisierung des Buchenzellstoffes, nur aufgeführt.

2. *Methodisches*

Die Lichtdurchlässigkeit wurde mit einem Visomat-Trübungsmesser ermittelt. 15 g der Viskose werden mit 60 ml destilliertem Wasser 10 min gut verrührt und die Durchlässigkeit dieser Proben gegen dest. Wasser gemessen. Die Durchlässigkeit des Wassers wurde auf 100% eingestellt.

Zur Messung der Partikelzahlen wurde das konduktometrische Zählgerät ZG 1 der Firma VEB Elmed, Hohen-Neuendorf bei Berlin, verwendet. Zur Vereinfachung der Messungen wurden alle Viskosen, da Alkali- und Zellstoffgehalt nur geringfügig schwankten, gleichmäßig 1:5 mit 2%iger Natronlauge verdünnt und auch die Eichung mit Pollen in derart verdünnten Viskoselösungen durchgeführt. Bei Messungen von Viskosen unterschiedlicher Herkunft ist jedoch die Standard-Verdünnung nach *Treiber* und *Kolos* [13, 14] unbedingt zu empfehlen.

[1]) Erweiterte Fassung eines Vortrages zum „Viskosefaser-Kolloquium" am 20. 12. 1966 im Institut für Textiltechnologie der Chemiefasern Rudolstadt-Schwarza.

Zur Eichung des Gerätes wurde u. a. mit Vorteil auch eine Einpunktmethode verwendet. Ihr liegt folgender Gedanke zugrunde. Von einer Pollensorte werden mikroskopisch Durchmesser und Verteilung bestimmt, und bei vorgegebenen Geräteparametern wird auf herkömmliche Weise der Diskriminatorwert ermittelt. Für jede beliebige Partikelgröße lassen sich dann aus den unten angegebenen Beziehungen (1) bis (3) die Diskriminatorwerte bei gewünschtem Düsenstrom und Düsenlochdurchmesser ermitteln. Nach [25] gilt

$$\hat{u} \sim \frac{I}{d_0^4} \cdot V = \text{const}\,, \qquad (1)$$

$$V = \text{const} \cdot D \quad \text{bei } I,\, d_0 \text{ konstant;} \qquad (2)$$

$\hat{u}$ Impulsamplitude, d_0 Düsenlochdurchmesser,
D Diskriminatorwert, V Teilchenvolumen,
I Düsenstrom.

Für Teilchengrößen, die unter Eichbedingungen gemessen werden können, ergibt sich der Diskriminatorwert unmittelbar aus (2). Ist es erforderlich, die Messungen unter von den Eichbedingungen abweichenden Geräteparametern durchzuführen, muß erst das Volumen der Eichpartikel mit Hilfe der durch (1) angegebenen Beziehung auf die neuen Bedingungen umgerechnet werden. Aus der Volumen-Diskriminatorbeziehung (2) folgt dann der gesuchte Diskriminatorwert. In Gleichung (3) sind beide Schritte zusammengefaßt.

$$D_{\text{gesucht}} = D_{\text{Eichung}} \cdot \frac{V_{\text{Messung}}}{V_{\text{Eichung}}} \cdot \frac{I_{\text{Messung}}}{I_{\text{Eichung}}} \cdot \left(\frac{d_{0\,\text{Eichung}}}{d_{0\,\text{Messung}}}\right)^4. \qquad (3)$$

Für $I_{\text{Messung}} = I_{\text{Eichung}}$ und $d_{0\,\text{Messung}} = d_{0\,\text{Eichung}}$ reduziert sich (3) auf den durch (2) angegebenen Zusammenhang.

3. *Experimentelle Ergebnisse und Diskussion*

3.1. *Inhomogenitätengehalt der Viskose und Spinnverhalten*

Dem Inhomogenitätengehalt der Viskose wird bislang von betrieblicher Seite nur durch die Bestimmung des Filterwertes Aufmerksamkeit geschenkt. Es ist zwar eine Reihe von Arbeiten bekannt, in denen eine Abhängigkeit des Filterwertes von der Inhomogenitätenmenge der Viskose nachgewiesen wird [6, 7, 9, 15, 16], jedoch gilt diese Korrelation sicher nur unter der Einschränkung, daß der Gehalt bestimmter Cellulosebegleitstoffe keinen extremen Schwankungen unterworfen ist. Es erscheint deshalb unbefriedigend, den Filterwert, der im allgemeinen Aussagen über die Qualität verschiedener unter konstanten Viskosierbedingungen verarbeiteter Zellstoffe zuläßt, als ein umfassendes Viskosequalitätsmaß zu betrachten. Dies gilt besonders dann, wenn mit Hilfe des Filterwertes das Spinnverhalten der Viskose charakterisiert werden soll. Der Filtrationsprozeß und der Spinnprozeß sind in ihrer Beeinflussung durch den Inhomogenitätengehalt zwei zu unterscheidende Vorgänge. Dies zeigt sich besonders deutlich bei bestimmten Betriebsstörungen.

Die Untersuchungen von *Samuelson* [17, 18] über den Einfluß des aus dem Zellstoff in die Viskose gelangenden Extraktgehaltes auf den Filterwert zeigen, daß durch einen bestimmten Extraktgehalt der Filterwert der Viskose verbessert wird. Es ist jedoch andererseits aus Veröffentlichungen von *Croon*, *Samuelson* u. a. [19, 20, 21] bekannt, daß durch einen zu hohen Harzgehalt Spinnschwierigkeiten initiiert werden können.

Anlaß der Untersuchungen waren betriebliche Spinnstörungen, die sich in Fadenverklebungen äußerten. Die zum damaligen Zeitpunkt durchgeführten Partikelzählungen ergaben eine stark erhöhte Anzahl von Inhomogenitäten in der Viskose. Ein sich zwischen diesen beiden ,,Anomalien" anbietender Zusammenhang wird durch folgenden Gedankengang gestützt.

Ein Teil der in der Viskose enthaltenen Inhomogenitäten setzt sich in den Düsenbohrungen fest und verengt einzelne Düsenlöcher. Die durch diese partiell verstopften Düsenlöcher nachgedrückte Viskose wird an der Düsenoberfläche breitlaufen, da die nach der Düsenbohrung angebotene Viskosemenge zu gering ist, um einen gegen Zugbeanspruchung stabilen Gelfaden zu bilden. Aus der breitlaufenden Viskose resultiert ein Viskosetropfen mit einer koagulierten Haut. Dieser wird periodisch von intakten Gelfäden mitgeführt. Seine Zerquetschung an den Walzen führt zu Einzelverklebungen, deren Anzahl von der Größe des an der Düse ursprünglich gebildeten Viskosetropfens abhängig ist. Falls die von *Matthes* [22] beschriebene Spinnbadverarmung ausgeschlossen werden kann, bilden demnach partiell verstopfte Düsenlöcher den Ausgangspunkt der Fadenverklebungen. Setzt man schlichte Strömung in der Düsenbohrung voraus, so läßt sich der Durchsatz an Viskose pro Zeiteinheit durch eine Pore vom Radius R mit Hilfe der *Hagen/Poiseuille*schen Gleichung beschreiben[2]):

$$V_t = \frac{\pi \cdot \Delta p}{8 \eta l} R^4. \qquad (4)$$

Unter der Voraussetzung, daß nur ein geringer Teil der Düsenlöcher partiell verengt wird, maximal etwa 3%, ist der Druck p über der Düse als gleichbleibend zu betrachten. Es ergibt sich damit ein direkter Zusammenhang zwischen der Fördermenge pro Zeiteinheit V_t und dem Düsenlochradius R:

$$V_t = \text{const} \cdot R^4. \qquad (5)$$

Aus (5) folgt, daß die durch ein Düsenloch fließende Viskosemenge der 4. Potenz des Düsenlochradius proportional ist. Bei einer partiellen Verstopfung der Düsenlöcher, modellmäßig z. B. von 60 µm auf 50 µm, fließt dann etwa nur noch die Hälfte der ursprünglichen Viskosemenge durch das Düsenloch. Somit wird verständlich, daß schon eine geringe Verengung der Düsenlochdurchmesser zu einer Diskontinuität im Spinnprozeß führen wird, aus der sich Verklebungen zwischen den Einzelfäden ergeben können.

Der hieraus resultierende Zusammenhang zwischen Spinnqualität und bestimmten, sich in den Düsenbohrungen absetzenden Viskoseinhomogenitäten führt zu der Notwendigkeit, diese Inhomogenitäten meßtechnisch zu erfassen.

Als Maßzahl für die Spinnqualität, die gegebenenfalls auch durch die Häufigkeit des Düsenwechsels angegeben werden könnte, konnte direkt die Sortenausbeute an 1. Qualität der Viskosefasern verwendet werden, da in dem Untersuchungszeitraum die Qualitätseinstufung der Viskosefasern[3]) ausschließlich aus der Zahl und Größe der Fadenverklebungen resultierte. Zur Charakterisierung der Inhomogenitäten in der Viskose wurde die Lichtdurchlässigkeit der Viskosen gemessen. Den ermittelten Zusammenhang zwischen Lichtdurchlässigkeit und Viskosefaserqualität zeigt Bild 1. In diesem Diagramm sind die Monatsmittel der Faserqualität (% Sortenausbeute an 1. Qualität) den Monatsmitteln aus einer großen Anzahl von Durchlässigkeitsmessungen der einzelnen Viskosechargen gegenübergestellt[4]).

Mit Hilfe der konduktometrischen Partikelzählung konnte ein Zusammenhang zwischen der Lichtdurch-

[2]) Da es sich bei Viskoselösungen um strukturviskose Flüssigkeiten mit viskoelastischem Verhalten handelt, ist natürlich eine korrekte Beschreibung der Fließverhältnisse in einer Düsenbohrung mit einem Längen/Durchmesser-Verhältnis von etwa 1 mit Hilfe der *Hagen-Poiseuille*schen Gleichung nicht möglich. Aus Gründen der Anschaulichkeit wollten wir jedoch auf eine derartige Diskussion nicht verzichten. Herrn Dr. *K. Wulf*, Institut für Faserstoff-Forschung in Teltow-Seehof, danken wir für seine in diesem Zusammenhang gegebenen Hinweise.

[3]) TGL Nr. 142-1013 v. 1. 7. 1964.

[4]) Im Zellwollebetrieb werden Tantal-Düsen mit 3200 Loch und 60 µm Lochdurchmesser verwendet. Das Fällbad ist ein *Müller*-Bad mit sehr geringem Zinkgehalt.

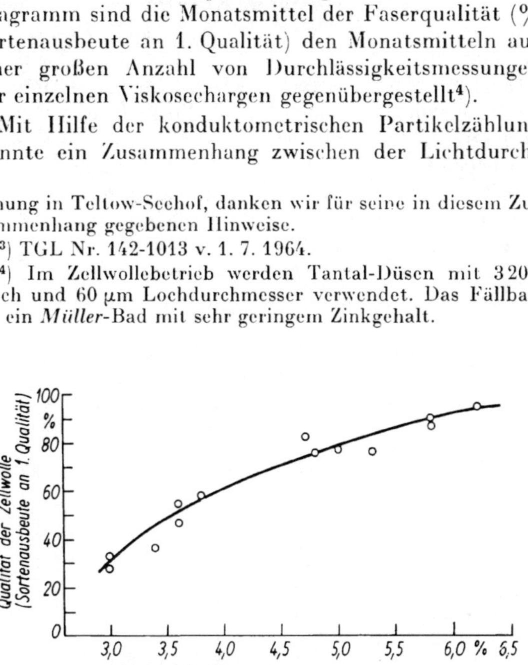

Bild 1. Gegenüberstellung der Viskosefaserqualität (% Sortenausbeute an 1. Qualität) und der Lichtdurchlässigkeit der verdünnten Betriebsviskosen

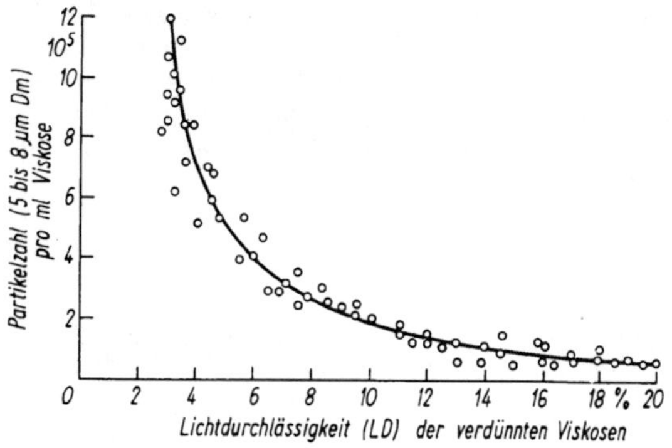

Bild 2. Zusammenhang zwischen Lichtdurchlässigkeit von verdünnten Viskosen und Gehalt der Viskosen an Partikeln von 5 bis 8 μm Durchmesser (Betriebsviskosen LD 2 bis 8, Laborviskosen LD 6 bis 12 und Viskosen mit Tensid-Zusatz LD 10 bis 20)

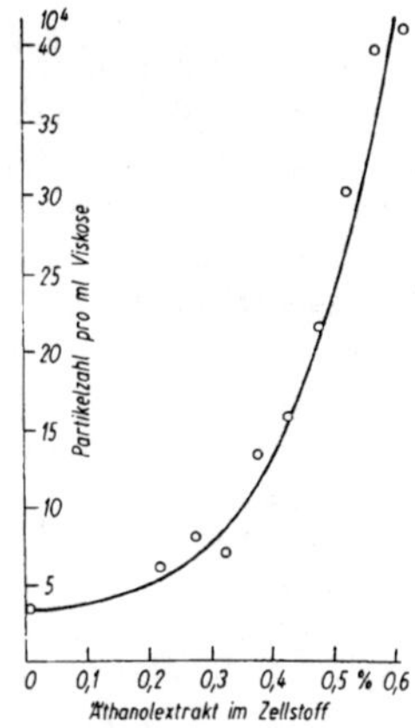

Bild 3. Abhängigkeit der Partikelzahl (5 bis 8 μm Durchmesser) pro ml Viskose vom Äthanol-Extraktgehalt des Zellstoffs

(Laborviskosierung)

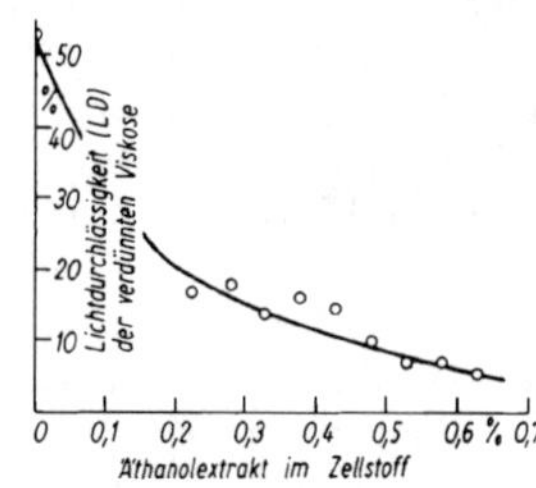

Bild 4. Abhängigkeit der Lichtdurchlässigkeit der verdünnten Viskosen vom Äthanol-Extraktgehalt des Zellstoffs

(Laborviskosierung)

lässigkeit der Viskose und der Partikelzahl und -größe festgestellt werden. Dieser Zusammenhang ist in Bild 2 für die Partikelgröße 5 bis 8 μm graphisch dargestellt. Die Größenordnung 5 bis 8 μm wurde deshalb ausgewählt, weil, wie im folgenden dargestellt, diese Partikelgrößen für die Betrachtungen über den Extraktgehalt im Zellstoff sehr wichtig sind.

Es erscheint also gesichert, daß die Durchlässigkeitsmessung eine für die Produktionskontrolle geeignete Methode der Inhomogenitätenbestimmung ist, die über das Spinnverhalten von Viskose Aufschluß geben kann.

Zur Zeit der erhöhten Bildung von Fadenverklebungen war die Korrelation zwischen Partikelmenge und Wattefilterwert der Viskosen mangelhaft, selbst wenn die von *Philipp*, *Lukanoff* und *Schleicher* [15] beschriebene, grundsätzlich schlechtere Korrelation bei Buchenstoffviskosen im Vergleich zu Fichtenstoffviskosen in Rechnung gestellt wird. Der Filterwert war allgemein trotz relativ hoher Partikelzahlen gut. Da aus Veröffentlichungen von *Samuelson* [17, 18, 20] bekannt ist, daß der Extraktgehalt des Zellstoffs die Trübung der Viskose hervorrufen kann und den Filterwert der Viskose beeinflußt, wurden zur Ermittlung möglicher Zusammenhänge Laborviskosen aus Buchensulfitzellstoffen mit unterschiedlichem Extraktgehalt (Äthanol-Extrakt) hergestellt und die Partikelzahlen (Bild 3) und Lichtdurchlässigkeiten (Bild 4) der Viskosen gemessen.

Es liegt nahe, in Extraktanteilen den Ursprung eines wesentlichen Prozentsatzes der kleinen Partikel (5 bis 8 μm) zu sehen. Vereinfacht lassen sich dann beispielsweise bei 0,4% Extrakt 70% der kleinen Partikel als extraktabhängig bezeichnen (s. Tabelle 1). Dies wiederum befindet sich in guter Übereinstimmung mit Angaben von *Kolos* [10]. Da das Diagramm des Bildes 3 einen merklichen Anstieg der Partikelzahl erst ab etwa 0,25% Extrakt erkennen läßt, kann dieser Wert als optimal angesehen werden, bei dem sich die positiven und negativen Eigenschaften der Extraktstoffe, wie sie von *Croon* [19] beschrieben werden, etwa die Waage halten.

Die letztlich von *Assarsson*, *Jonsen* und *Samuelson* [20] durchgeführten Untersuchungen über den Einfluß von Extraktstoffen auf den Spinnprozeß können somit durch die vorliegenden Untersuchungen im Rahmen eines Großbetriebes bestätigt werden.

3.2. Anfertigung eines Viskosepasses

Inhomogenitäten in der Viskose beeinflussen die Qualität der Viskose stets nachteilig. Entweder verschlechtern sie die Filtration, die Spinnbarkeit oder sie werden in den Elementarfaden eingebaut und wirken sich dort negativ aus [1 bis 12, 19, 20, 21].

Tabelle 1. Differentielle Partikelzahlen und Lichtdurchlässigkeiten von Laborviskosen, hergestellt aus Zellstoffen mit bestimmtem Extraktgehalt

Äthanol-Extrakt	Partikelzahlen pro ml Viskose					Lichtdurchlässigkeit
[%]	5…8 μm	8…12 μm	12…20 μm	20…30 μm	30 μm	[% geg. H_2O]
0	33000	8600	3000	654	114	55,5
0,20…0,25	60000	17600	4310	657	137	16,4
0,26…0,30	80000	14500	4630	832	192	17,9
0,31…0,35	70000	14500	5720	858	201	13,9
0,36…0,40	133000	15000	5380	918	195	15,8
0,41…0,45	157000	23000	7950	1521	251	14,6
0,46…0,50	215000	21100	6230	912	150	10,1
0,51…0,55	302000	32400	7210	1023	170	6,9
0,56…0,60	396000	21500	4230	520	116	6,9
0,61…0,65	409000	30200	5960	798	208	5,5

Tabelle 2. Vistra-Viskose-Paß)*

				Partikeldurchmesser				
				5···8 µm	8···12 µm	12···12 µm	20···30 µm	30 µm
a) Zellstoff versch. Posten	betriebs-alkalisiert	betriebs-sulfidiert	betriebs-gelöst	100	100	100	100	100 (%)
b) Zellstoff versch. Posten	betriebs-alkalisiert	betriebs-sulfidiert	labor-gelöst	45	58	58	54	48 (%)
c) Zellstoff versch. Posten	betriebs-alkalisiert	labor-sulfidiert	labor-gelöst	37	74	54	59	54 (%)
d) Zellstoff versch. Posten	labor-alkalisiert	labor-sulfidiert	labor-gelöst	30	24	37	32	35 (%)
e) Zellstoff gleicher Posten	labor-alkalisiert	labor-sulfidiert	labor-gelöst	17	22	32	26	30 (%)

*) Partikelzahlen der unter a) angegebenen Viskosen gleich 100% gesetzt

Es ist demnach erforderlich, der Art und dem Ort der Partikelbildung nachzugehen, um eine Möglichkeit zu finden, ihre Bildung weitestgehend zu unterbinden. Ein Teil der Inhomogenitäten wird vom Zellstoff eingetragen. Nach *Philipp* und *Schleicher* [7] handelt es sich hierbei um anorganische Teilchen oder ungenügend aufgeschlossene bzw. ,,vernetzte“ Cellulosepartikel. Des weiteren sollte die Führung der Bleiche [19, 23, 24] eine Rolle spielen[5]).

Die Aufstellung eines Viskosepasses gestattet, sowohl die durch die Qualität des Zellstoffes eingetragene Menge der Partikel zu bestimmen, als auch den Anteil, den jede betriebliche Viskosierstufe liefert. Dazu werden der betriebsmäßigen Viskosezubereitung Labor-Kleinansätze gegenübergestellt. Die Viskosezubereitung im Labor wird so durchgeführt, daß eine gute Reproduzierbarkeit in den einzelnen Viskosierstufen und im Endprodukt gewährleistet wird [4]. Darüber hinaus müssen die Laborviskosen den Betriebsviskosen vergleichbar sein, d. h. sowohl die einzelnen Prozeßstufen als auch die Viskosezusammensetzung müssen einander entsprechen. Aus dem Produktionsbetrieb werden bei den einzelnen Viskosierstufen Proben entnommen, im Labor bis zur fertigen Viskose verarbeitet und der Partikelzählung zugeführt (Tabelle 2).

Mit zunehmender Zahl der im Laboratorium durchgeführten Operationen vermindert sich, wie aus Tabelle 2 ersichtlich, die Zahl der Partikel. Es läßt sich somit der gesamte Betriebsviskosierprozeß wie auch jede Viskosierstufe bewerten. Sprünge zwischen den einzelnen Stufen weisen auf Verbesserungsmöglichkeiten hin. Im angegebenen Beispiel, bei dem der Viskosierprozeß insgesamt als befriedigend angesehen werden kann, sind charakteristische Sprünge zwischen der betrieblichen und der Laboralkalisierung des Zellstoffs sowie zwischen der Betriebs- und Laborauflösung der Viskose zu erkennen. Diese beiden Viskosierstufen sind gesondert näher untersucht worden. (Über die betrieblichen Probleme der Alkalisierung des Buchenzellstoffs wird in einer der folgenden Veröffentlichungen berichtet.) Bei den Untersuchungen zum betrieblichen Xanthogenat-Löseprozeß wurde zunächst gefunden, daß eine Verlängerung der Lösezeit im gleichen Aggregat keine Verbesserung des Filterwertes zur Folge hatte. Wurden jedoch die gleichen Viskosen im Laboratorium intensiv mit dem Turbolöser nachbehandelt, sanken sowohl der Filterwert als auch die Zahl der größeren Partikel merklich. Bei Partikeln von 8 µm Durchmesser wurde eine Verringerung um 10%, bei Partikeln von 15 bis 30 µm um 50% gemessen. Diese Arbeitsergebnisse führten mit Vorteil zu technologischen Änderungen im Betrieb.

Der Viskosepaß ist inzwischen auch für andere Betriebsteile aufgestellt worden und hat sich bewährt. Er bietet weiterhin die Möglichkeit, mit Hilfe der Variationskoeffizienten die Schwankungen bei der Produktionscharge den Schwankungen bei den Laboransätzen gegenüberzustellen, um so durch Streuungsanalysen ungleichmäßige Fahrweisen bestimmter Produktionsabschnitte feststellen zu können.

Der Viskosepaß ist eine Methode, den betrieblichen Viskosierprozeß zu analysieren. Er gibt die Möglichkeit, bei Betriebsstörungen die Störungsstelle zu lokalisieren und operativ einzugreifen.

[5]) Weitere Partikel entstehen im Produktionsprozeß auf Grund nicht optimaler Fahrweise einzelner Viskosierstufen [1, 4, 5, 26, 27].

Literatur

[1] *Treiber, E.:* Lösungsinhomogenitäten in technischen Viskoselösungen. Papier **21** (1967) 3, S. 124—132.

[2] *Rauch, H.:* Die Auflösung von Faserstoffen auf Zellulose- oder Zellulosehydratbasis im Blickpunkt der Reyon- und Zellwollindustrie. Melliand Textilber. **32** (1951) 4, S. 283—289.

[3] *Matthes, A.:* Beiträge zur Theorie und Praxis der Viskosefiltration. Faserforsch. u. Textiltechnik **15** (1964) 1, S. 39—43.

[4] *Treiber, E.:* Der Viskoseprozeß, betrachtet vom technischen und labormäßigen Gesichtspunkt. Lenzinger Ber., Lenzing/Österr. **16** (1964) S. 5—19.

[5] *Durso, D. F.,* und *Parks, L. R.:* The Filterability Problem. II. Quantitative relations to viscose insolubles. Tappi, New York **48** (1965) 10, S. 594—597.

[6] *Durso, D. F.*, und *Parks, L. R.*: The Filterability Problem. Svensk Papperstidn. **64** (1961) 23, S. 853—862.
[7] *Philipp, B.*, und *Schleicher, H.*: Zur Prüffiltration und Teilchenzählung an Viskosespinnlösungen. Faserforsch. u. Textiltechnik **15** (1964) 10. S. 451—457.
[8] *Baudisch, J.*, *Philipp, B.*, *Schmiedeknecht, H.*, und *Schleicher, H.*: Zum Einfluß des Gelteilchengehaltes von Viskosespinnlösungen auf die Festigkeit daraus hergestellter Celluloseregeneratfäden und deren Teilchenzahl nach Lösen in EWNN. Faserforsch. u. Textiltechnik **15** (1964) 4, S. 153—157.
[9] *Matthes, A.*, *Zimmermann, K.*, *Gläsmann, R.*, und *Büchner, R.*: Die Beziehung der Partikelzahl einer Viskose zu ihrem K_w-Wert. Faserforsch. u. Textiltechnik **16** (1965) 1, S. 41—43.
[10] *Kolos, F.*: Über die Reinheit von Spinnlösungen. Lenzinger Ber., Lenzing/Österr. **12** (1962) S. 18—25.
[11] *Gray, K. L.*, *More, J. W.*, und *Yorke, R. W.*: The importance of small particles in tire yarn viscose. Tappi, New York **46** (1963) 12, S. 335—339.
[12] *Philipp, B.*, und *Baudisch, J.*: Zum Einfluß des Gelteilchengehaltes von Viskosespinnlösungen auf den übermolekularen Bau daraus hergestellter Cellulose-Regeneratfäden. Faserforsch. u. Textiltechnik **14** (1963) 7, S. 274—280.
[13] *Kolos, F.*: Voraussetzungen für die konduktometrische Bestimmung der Teilchenverteilung in Viskoselösungen. Svensk Papperstidn. **64** (1961) 15, S. 533—544.
[14] *Kolos, F.*, und *Treiber, E.*: Particle determinations in viscose solution. Svensk Paperstidn. **64** (1961) 16, S. 577—588.
[15] *Philipp, B.*, *Lukanoff, T.*, und *Schleicher, H.*: Untersuchungen zur Viskosierbarkeit einheimischer Textilzellstoffe gleicher Provenienz. Zellstoff u. Papier **14** (1965) 10, S. 289—297.
[16] *Treiber, E.*: The state of solution of technical viscose. J. Polymer Sci. **51** (1961) 5, S. 297—315.
[17] *Samuelson, O.*: Influence of the properties of cellulose on the filtration of viscose. Svensk Papperstidn. **51** (1948) 15, S. 331—335.
[18] *Samuelson, O.*: Investigations concerning the filtering properties of viscose III. Svensk Kem. Tidskr. **61** (1949) S. 227—234.
[19] *Croon, I.*: Harz-, Wachs-, Fett-Komponenten in Holz und Zellstoff. Papier **19** (1965) 10a, S. 711—719.
[20] *Assarsson, A.*, *Jonsén, H.*, und *Samuelson, O.*: Influence of resin in viscose upon the clogging of spinnerets. Svensk Papperstidn. **71** (1968) 5, S. 137—141.
[21] *Croon, I.*, *Jonsén, H.*, und *Olofsson, H.*: Hemicellulose in pulp, viscose and yarn. Svensk Papperstidn. **71** (1968) 2, S. 40—45.
[22] *Matthes, A.*: Über verschieden geartete Klunkerneigungen in der Regeneratfaserindustrie und die Art ihrer Behebung. Faserforsch. u. Textiltechnik **16** (1965) 2, S. 109—110.
[23] *Annergren, G.*, *Göransson, S.*, und *Samuelson, O.*: Effect of pulp extractives in the viscose process. Svensk Papperstidn. **71** (1968) 5, S. 142—143.
[24] *Croon, I.*: Festschrift Carl Kempe 1884—1964 (Sonderdruck).
[25] Bedienungsanleitung zum Teilchenzähler ELMED ZG1.
[26] *Parks, L. R.*, und *Jurbergs, K. A.*: Number and size distribution of particles in cellulosic solutions. J. appl. Polymer Sci. **4** (1960) 11, S. 193—199.
[27] *Iovleva, M. M.*, und *Papkov, S. P.*: Studium der Gelteilchen in der Viskose während der Nachreife. Chim. Volokna (Chem. Fasern) (1966) 1, S. 39—41; dt. in: Sowj. Beitr. Faserforsch. Textiltechnik (1966) 5, S. 250—252.

Eingegangen am 3. Februar 1969

Untersuchungen mit einer Faserdreheinrichtung am Mikroskop

Teil 1: Apparatur und einige Anwendungen

Runhild Landgraf und Siegfried Kaufmann

150. Mitteilung aus den Institut für Textiltechnologie der Chemiefasern in Rudolstadt-Schwarza
(Direktor: Dipl.-Ing. H. Bürger)

DK 677.494.674:677.494.675:677.494.061.382:677.494.061.3:535.827.2

Es wird eine Faserdreheinrichtung beschrieben, die es gestattet, optische Messungen an beliebigen Querschnitten von Faserstoffen durchzuführen. Als Anwendung werden einige optische Konstanten von gequetschter Polyamidseide und von S-Masern aus Polyesterseide bestimmt und eine Bikomponentenseide untersucht.

Исследования с применением приставки к микроскопу для вращения волокон
Часть 1-я: Аппаратура и ее применимость

Описано устройство для вращения волокон, позволяющее проводить оптические измерения на любых поперечных сечениях. В качестве примера проведено определение некоторых оптических констант сдавленной полиамидной филаментной нити и наплывов из полиэфирной филаментной нити, а также изучение бикомпонентного волокна.

Microscopic Investigations of the Direction of Turn in Filaments
Part 1. Device and some Applications

A device is described allowing to perform optical measurements on fibres of any cross section. Some optical parameters of squeezed polyamide filament yarns and neps in polyester filament yarns were determined and a bicomponent fibre was investigated.

1. *Einleitung*

Zylindrisch geformte und gleichmäßig abgekühlte Chemiefaserstoffe sind normalerweise optisch einachsig [11, 17]. Es gibt aber Vorgänge bei der Herstellung, der Verarbeitung und beim Gebrauch der Chemiefaserstoffe, die sowohl gewollte als auch unerwünschte äußere Ungleichmäßigkeiten bewirken. Im letzten Fall kann man an die *S*- und *T*-Masern bei Polyamidseide [7, 10, 12] oder Polyesterseide [8] denken. Andererseits werden durch besondere Düsenquerschnitte oder durch Walzen [4] breite Profile erzeugt, wobei in zwei zueinander senkrechten Richtungen verschiedene Durchmesser und Doppelbrechungswerte resultieren. Nachfolgend wird eine Einrichtung beschrieben, die es gestattet, die oben angegebenen Effekte mit optischen Methoden zu erfassen. Zusätzlich ist es natürlich möglich, jegliche Art optisch zweiachsiger Faserstoffe oder deren Oberfläche eingehend zu untersuchen.

Nach der Beschreibung der Einrichtung werden einige ausgewählte Anwendungen behandelt, die den Benutzer der zu beschreibenden Einrichtung in die Lage versetzen, die oben angegebenen Effekte forschungs- oder betriebsmäßig zu untersuchen.

2. *Bezeichnungen*

D = Durchmesser
ε = Azimutwinkel
Γ = Gangunterschied
n = Brechungsindex im sichtbaren Spektralbereich
Δn = Doppelbrechung im sichtbaren Spektralbereich
r = Reckverhältnis
$2V_{\gamma}$ = Optischer Achsenwinkel

3. *Beschreibung der Dreheinrichtung*

Vorrichtungen zur Drehung einer Faser oder eines Elementarfadenstücks an einem Mikroskop sind schon früher beschrieben worden [1, 2, 6, 16]. Sie wurden in erster Linie für die Bestimmung der Abmessungen von Wolle entwickelt. Dabei interessierten der Durchmesser des Faserprofils bei einem beliebigen Winkel, die Änderungen der Querschnittsfläche und Abplattungen über die Faserlänge, die Änderung der Dimensionen bei einer Dehnung der Fasern um einen bestimmten Betrag sowie die Oberflächenbeschaffenheit.

Ähnliche Probleme gibt es auch bei den Chemiefaserstoffen, nachdem die Arten und Querschnittsformen in den vergangenen Jahren so mannigfaltig geworden sind, daß dies bei Anwendung der Untersuchungsmethoden berücksichtigt werden muß.

Speziell die Messung der Doppelbrechung an nichtrunden Faserstoffen, die Fehlerbestimmung für den Durchmesser der runden Faserstoffe und die Fehlerabschätzung für die Doppelbrechungsmessung an runden Faserstoffen erfordern es, daß die Fasern oder Fäden definiert an dem Mikroskop gedreht bzw. bewegt werden können. Weiterhin interessierten uns die Faserstoff-Oberflächen, der Durchmesserverlauf von Unregelmäßigkeiten (z. B. Masern, Quetschstellen) u. a. m. Wir setzten uns das Ziel, ein möglichst einfach und rationell zu handhabendes Gerät zu konstruieren, das eine breite Anwendung ermöglicht. Im folgenden soll die im Institut für Textiltechnologie der Chemiefasern (ITC) konstruierte und gebaute Einrichtung näher beschrieben werden.

Die Einrichtung besteht aus zwei Teilen, einem speziellen Tisch und einem Objektführer mit der Dreheinrichtung.

Ein bereits vorhandener Tisch mit Gradeinteilung und Nonius eines Lg-Stativs vom VEB Carl Zeiss Jena diente als Grundlage. Die ringförmige Schwalbenschwanzführung an der Unterseite des Tisches wurde neu gefertigt, und zwar so, daß eine Anpassung an ein Nf-Mikroskop und an ein Polarisationsmikroskop Pol-mi A (beide VEB Carl Zeiss Jena) möglich ist. Der Tisch wird dazu jeweils auf den Tischträger der Mikroskope aufgesetzt und dort wie üblich befestigt. Außerdem wurde der konzentrische kreisförmige Durchbruch in der Tischplatte erheblich vergrößert.

Die niedrige Höhe des eingesetzten Tisches gegenüber den sonst an diesen Mikroskopen gebräuchlichen Tischen sowie der große Durchbruch ermöglichen es, daß der Kondensor des Mikroskops bei Verwendung der Dreheinrichtung über die Tischplatte hinaus und damit in die Objektebene gehoben werden kann. Dadurch ist in allen Fällen das *Köhler*sche Beleuchtungsprinzip durchführbar.

Die Tischträger beider Mikroskope wurden zur jeweiligen Befestigung des Nonius mit Gewinde und zwei Bohrungen versehen.

Die Dreheinrichtung wurde an der Schwalbenschwanzführung eines handelsüblichen Objektführers vom VEB Carl Zeiss Jena angesetzt. Das hat den Vorteil, daß die gesamte Dreheinrichtung in beiden Horizontalachsen, ähnlich wie ein Objektträger, bewegt werden kann.

Das Kernstück der Dreheinrichtung sind zwei Klemmen, in die die Faser oder der Elementarfaden eingespannt wird. Sie besitzen eine Klemmfläche von 1 mm Breite und werden durch Hebel von Hand geöffnet bzw. geschlossen. Die Klemmen wurden so konstruiert, daß man die Faserenden mit einer Pinzette in sie einführen und anschließend festklemmen kann. Auch das Einspannen unter einer gewissen Vorlast wird dadurch möglich.

Beide Klemmen sitzen auf je einer Welle mit Trommel und Rändelknopf. Die Trommeln weisen für die Drehung eine Teilung von 5° auf, so daß der Durchmesser einer Faser oder eines Elementarfadens an maximal 72 Stellen abgestastet werden kann. Die Verbindung der beiden Trommeln und damit der Klemmen erfolgt durch Zahnradübersetzung und eine durchgehende Welle. Bei Drehung eines Rändelknopfes werden also beide Klemmen gleichmäßig bewegt. Will man eine Klemme unabhängig von der anderen drehen (z. B. um Verdrehungen des Fadens zu eliminieren), so kann man beide Rändelknöpfe über eine eingebaute Rutschkupplung gegeneinander verdrehen. Der Klemmenabstand kann ebenfalls verändert werden. Nach Lösen eines Gewindestiftes in einer der beiden Trom-

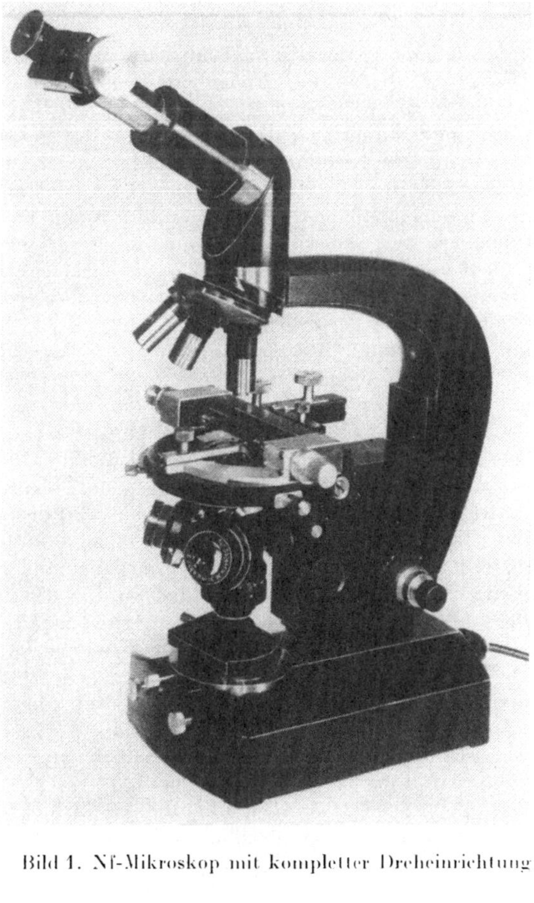

Bild 1. Nf-Mikroskop mit kompletter Dreheinrichtung

Bild 2. Faserdreheinrichtung ohne Tisch

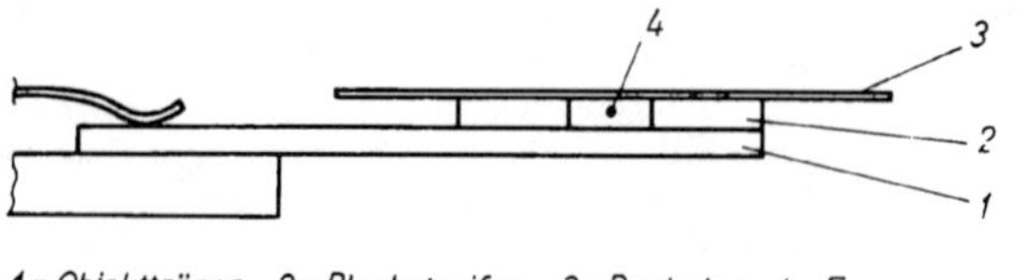

1 - Objektträger, 2 - Blechstreifen, 3 - Deckglas, 4 - Faser

Bild 3. Prinzipskizze des Objektträgers

meln ist die eine Welle mit der Klemme axial verschiebbar. Nach der Einstellung des gewünschten Klemmabstandes zwischen 25 und 40 mm wird der Gewindestift wieder angezogen.

Eine weitere Zielstellung war die Messung an der Dreheinrichtung mit und ohne Einbettung. Dazu wurde ein Arm angebracht, der mit einer Halterung für einen Objektträger versehen wurde. Durch eine Schraube, die hinter der Halterung angebracht wurde, kann der Objektträger gehoben und gesenkt und damit dem Objekt angepaßt werden.

Aus Bild 1 ist die Gesamtanordnung von speziellem Tisch, Objektführer und Dreheinrichtung an einem Nf-Mikroskop mit pankratischem Kondensor und Meßschraubenokular zu ersehen. Die Dreheinrichtung mit dem Objektträger ist in Bild 2 gezeigt.

Die Handhabung der Einrichtung ist sehr einfach. Die Fasern werden an den Enden mit einer Pinzette erfaßt und in die Klemme eingebracht. Vor dem Festklemmen muß darauf geachtet werden, daß die Faser in der Mitte der Klemmfläche liegt. Um dies beim laufenden Arbeiten zu erleichtern, wurde die Klemmfläche nur einen Millimeter breit gewählt. Nach dem Festklemmen der beiden Enden kann die Faser mit Hilfe der axial verschiebbaren Klemme entkräuselt oder gestreckt werden. Wenn der Gewindestift angezogen ist, kann die Messung beginnen.

Soll für bestimmte Untersuchungen (z. B. Masern oder deformierte Fasern) mit Einbettung gearbeitet werden, so benutzen wir dazu spezielle Objektträger. Wir fertigten sie aus handelsüblichen Objektträgern von geringer Stärke (0,9 bis 1,0 mm). Von diesem Objektträger wurden Teile abgeschnitten, so daß kleine Objektträger von ca. 25 × 25 mm entstanden. Auf diese wurden mit Polymerisationskleber an einem Rand zwei Blechstreifen im Abstand von ca. 3 mm nebeneinander aufgekittet. Die Stärke der Blechstreifen wurde variiert mit 0,60, 1,00 und 1,50 mm, so daß drei verschiedene Objektträger zur Verfügung stehen. In die zwischen den Streifen entstandene Rinne wird die Faser gebracht, Einbettungsflüssigkeit dazugegeben und alles mit einem Deckglas bedeckt (Bild 3). Durch Verwendung dieser speziellen Objektträger gelingt es mühelos, auch extreme Querschnittsformen eingebettet zu messen. Abschließend soll noch bemerkt werden, daß durch den Objektführer neben der Messung an einem Punkt auch weitere Messungen längs der Faserachse möglich sind.

Bei Verwendung der Dreheinrichtung an dem Polarisationsmikroskop Polmi A wird infolge der Konstruktion des Kondensors die Tischdrehung auf 0 bis 270° begrenzt.

Im nächsten Abschnitt soll auf einen Teil der bisher mit der Faserdreheinrichtung durchgeführten Untersuchungen eingegangen werden.

4. *Anwendungen*

4.1. *Bestimmung der optischen Konstanten von hochpolymeren Elementarfäden*

Mit der oben beschriebenen Faserdreheinrichtung lassen sich sehr detaillierte Untersuchungen ohne Anfertigung eines Querschnittes vornehmen. Das betrifft insbesondere die Untersuchung von optisch zweiachsigen hochpolymeren Elementarfäden.

Solange die hochpolymeren Elementarfäden optisch einachsig sind und die Durchmesserschwankungen bei 1 μm liegen, reicht ein Polarisationsmikroskop zur Bestimmung des Durchmessers, des Gangunterschiedes und der Doppelbrechung aus. Sobald die Abmessungen des Querschnittes (senkrecht zur optischen Achse) um ein Vielfaches von 1 μm abweichen, ist eine Faserdreheinrichtung unbedingt notwendig, wenn man ohne Anfertigung eines Querschnittes auskommen will (z. B. bei Untersuchungen an ausgewählten Stellen am Elementarfaden). Zum Verständnis solcher Untersuchungen ist es notwendig, daß die wichtigsten Vorgänge beim Auftreffen eines Lichtstrahles auf den hochpolymeren Elementarfaden bekannt sind.

4.1.1. *Theoretische Betrachtungen*

Durch die Wechselwirkung des Lichtes mit dem absorptionsfrei, inaktiv, isotrop und homogen gedachten hochpolymeren Elementarfaden (Faserstoff) kommt die Lichtbrechung zustande. Im klassischen Bild regen die elektromagnetischen Wellen die Elektronen des Faserstoffes zum Mitschwingen an. Das erzwungene Mitschwingen der Elektronen bewirkt gleichzeitig die Dispersion, d. h. die Abhängigkeit des Brechungsindexes von der Wellenlänge. Im quantenmechanischen Bild erfolgt die Wechselwirkung ohne Energieniveau-Übergang, d. h. ohne atomaren Zwischenprozeß. Wird die Wechselwirkung zwischen dem Licht und dem Faserstoff bei konstanter Wellenlänge stärker, so wird die Lichtbrechung größer. Die Maßzahl dafür ist die Polarisierbarkeit der Moleküle des Faserstoffes. Die Vorgänge werden dadurch verwickelt, daß die Polarisierbarkeiten der einzelnen Molekülbindungen anisotrop sind, d. h. in Richtung der Verbindungsachse der Atome des Moleküls meistens größer als senkrecht dazu.

Solange die Verbindungsachsen völlig ungeordnet im Faserstoff vorliegen, sind die Eigenschaften des hochpolymeren Elementarfadens noch isotrop. Werden aber durch die Art der Fadenbildung oder Verstreckung die Verbindungsachsen orientiert, dann liegt ein anisotroper Faserstoff vor, d. h. es werden richtungsabhängige Eigenschaften festgestellt.

Beim Auftreffen der Lichtstrahlen auf den hochpolymeren Elementarfaden werden diese infolge der Anisotropie (siehe oben) in zwei Strahlen mit im allgemeinen verschiedenen Ausbreitungsgeschwindigkeiten (nach Größe und Richtung) und mit zwei senkrecht zueinander polarisierten Schwingungsrichtungen aufgespalten. Dabei ist die Aufspaltung der Energieströmung von der Aufspaltung der Wellennormalen zu unterscheiden. Für Fragen der optischen Abbildung ist die Energieströmung wichtig, während z. B. für die Beurteilung der Orientierung die Betrachtung der Aufspaltung der Wellennormalen wesentlich ist. Die Behandlung der Wellenormale hat außerdem Vorteile, weil sie dem einfachen *Snellius*schen Brechungsgesetz gehorcht. Wir werden nachfolgend nur die Wellennormale ins Kalkül ziehen.

Das Verhalten der Wellennormale mit der Ausbreitungsrichtung im hochpolymeren Elementarfaden kann durch Bezugsflächen veranschaulicht werden. Aus den Bezugsflächen lassen sich das Gesetz der Änderung der Brechungsindizes, der Schwingungszustände und der Lage der Schwingungsrichtungen mit der Ausbreitungsrichtung im Elementarfaden ableiten. In der angewandten Kristalloptik ist es üblich, dafür die Indikatrix zu wählen [15]. Bei der Indikatrix trägt man in jeder Richtung in einem bestimmten Maßstab eine Strecke ab, die dem Brechungsindex derjenigen Welle entspricht, für welche die betreffende Richtung Schwingungsrichtung ist (die Abtragung der Brechungsindizes erfolgt senkrecht zur Richtung der Wellennormale) ([5], vgl. auch [13, 14]).

Im absorptionsfreien (in bezug auf die betrachtete Wellenlänge) und inaktiven hochpolymeren Elementarfaden stellen also die Radienvektoren vom Mittelpunkt der Indikatrix nach ihrer Oberfläche Brechungsindizes dar. Die Indikatrix ist für einen solchen Elementarfaden im allgemeinen Falle ein dreiachsiges Ellipsoid. Den drei Hauptachsen des Ellipsoides entsprechen die drei Hauptbrechungsindizes

$$n_\alpha < n_\beta < n_\gamma .$$

Für eine Wellennormalenrichtung existieren dann zwei Wellen mit verschiedener Geschwindigkeit und verschiedenen Brechungsindizes. Die zwei verschiedenen Brechungsindizes entsprechen der kleinsten und der größten Halbachse der Schnittellipse, auf der die Wellennormale senkrecht steht. Diese beiden Brechungsindizes liegen zwischen n_α und n_γ, d. h.

$$n_\alpha \leqq n_\alpha' \leqq n_\beta \leqq n_\gamma' \leqq n_\gamma .$$

$$\Delta n = n_\gamma' - n_\alpha'$$

wird als Doppelbrechung bezeichnet.

$\Delta n = n_\gamma - n_\alpha$, $\Delta n = n_\gamma - n_\beta$ und $\Delta n = n_\beta - n_\alpha$ sind die Hauptdoppelbrechungen. (Da wir im wesentlichen die Hauptdoppelbrechung messen, werden wir der Einfachheit halber im folgenden nur den Ausdruck Doppelbrechung benutzen.)

In einem dreiachsigen Ellipsoid gibt es zwei Richtungen, in denen $n_\alpha' = n_\gamma' = n_\beta$ wird. (Die Doppelbrechung in dieser Richtung ist Null. Die Welle breitet sich in diesen beiden Richtungen wie in einem isotropen Körper aus.) Diese ausgezeichneten Richtungen bezeichnet man als Binormale oder optische Achsen (bei der Energieströmung sind im Gegensatz hierzu die Biradialen die optischen Achsen).

Nach der Anzahl der optischen Achsen, die nicht mit den o. g. Symmetrieachsen n_α, n_β, n_γ verwechselt werden dürfen, unterscheidet man optisch zweiachsige und optisch einachsige hochpolymere Elementarfäden.

Bei den optisch zweiachsigen Fäden ist der von den beiden optischen Achsen eingeschlossene optische Achsenwinkel $2V_\gamma$ charakteristisch (Bild 4). Für tg $V_\gamma < 1$ (n_γ ist spitze Bisektrix oder 1. Mittellinie, n_α ist stumpfe Bisektrix oder 2. Mittellinie) wird von optisch zweiachsig positiven Elementarfäden gesprochen. tg $V_\alpha = 1$ bedeutet den optisch neutralen Fall. Für tg $V_\gamma > 1$ (n_γ ist spitze Bisektrix) sind die

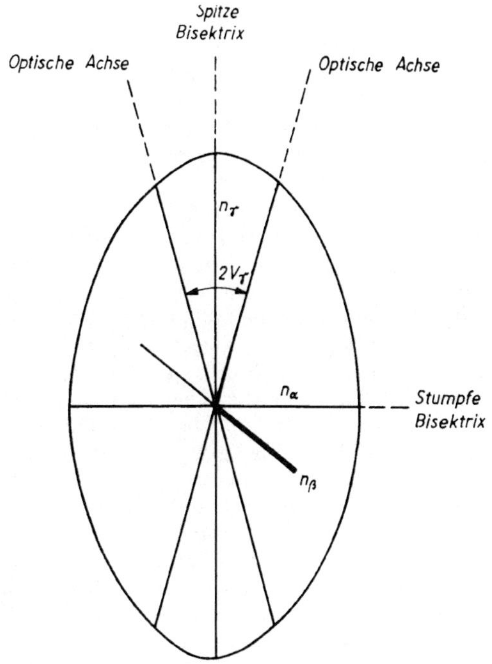

Bild 4. Indikatrix eines optisch zweiachsig positiven hochpolymeren Elementarfadens ($2V_\gamma$ = optischer Achsenwinkel)

Elementarfäden optisch zweiachsig negativ. Für sehr kleine Doppelbrechungen ergibt sich näherungsweise [15]:

$$\operatorname{tg} V_\gamma = \sqrt{\frac{n_\beta - n_\alpha}{n_\gamma - n_\beta}} . \qquad (1)$$

Für tg $V_\gamma = 0$ sind die Elementarfäden optisch einachsig positiv ($n_\beta = n_\alpha$), während für tg $V_\gamma = \infty$ die Elementarfäden optisch einachsig negativ ($n_\beta = n_\gamma$) sind.

Bei der praktischen Messung kann man so vorgehen, daß der Elementarfaden während der Beobachtung im Polarisationsmikroskop so lange gedreht wird, bis die Wellennormale in Richtung der Halbachse n_α oder n_β liegt. Es kann $n_\gamma - n_\beta$ oder $n_\gamma - n_\alpha$ gemessen werden.

Der Zusammenhang der optischen Eigenschaften mit der Orientierung der Makromoleküle wird z. B. von *Ke* [9] beschrieben.

Damit sind die wichtigsten Grundlagen zur Beurteilung des optischen Verhaltens von optisch zweiachsigen und einachsigen Elementarfäden abgehandelt, die für das Verständnis der nachfolgenden Ausführungen notwendig sind.

4.1.2. Durchmesser und Doppelbrechung von runden und unrunden Polyamidseiden

Als einfachste Anwendung der Faserdreheinrichtung soll die Abhängigkeit des Durchmessers und der Doppelbrechung von dem Azimutwinkel ε dargestellt werden.

Der Azimutwinkel ist der Winkel zwischen zwei Wellennormalenrichtungen, wobei jede Wellennormalenrichtung senkrecht zur Zylinderachse des Elementarfadens steht. In jeder dieser Richtungen wird die Doppelbrechung bestimmt. Ändert sich die Doppelbrechung mit dem Azimutwinkel, dann liegt ein optisch zweiachsiger Elementarfaden vor. Ist die Doppelbrechung in bezug auf den Azimutwinkel konstant, so folgt daraus, daß der Elementarfaden optisch einachsig ist (n_α wird als Bezugsachse gewählt).

Als Material wird PA-S-ft-mt DEDERON, 2,2 tex(1), ungereckt und gereckt ($r = 3{,}6$) verwendet.

Zur eigentlichen Messung wird die Faserdreheinrichtung mit dem Polarisationsmikroskop Polmi A gekoppelt, der Elementarfaden in Siliconöl eingebettet und mit weißem Licht durchstrahlt. Es werden ein Planachromat 40x/0,65 und ein Okularmeßschraubenmikrometer K 15x verwendet.

Die Messung dieses Materials unter den angegebenen Meßbedingungen ergibt nur sehr kleine Schwankungen von Durchmesser und Doppelbrechung. Die Spannweite des Durchmessers beträgt sowohl für den ungereckten ($D = 93{,}5$ µm) als auch für den gereckten Elementarfaden ($D = 49$ µm) 0,6 µm. Die Spannweite der Doppelbrechung beträgt bei der ungereckten PAS 0,0002 ($\Delta n = 0{,}010$) und bei der gereckten PAS 0,0012 ($\Delta n = 0{,}055$). Die gemessene PAS ist also optisch einachsig. Mit diesem Ergebnis wird nachträglich eine Berechtigung dafür gegeben, derartige Elementarfäden mit dem Polarisationsmikroskop ohne Faserdreheinrichtung zu messen. Das eigentliche Anwendungsgebiet der Faserdreheinrichtung sind aber unrunde Elementarfäden, z. B. KAPRON-Fäden, siehe Bild 5. Das Rotationsellipsoid der untersuchten DEDERON-Seide geht bei der KAPRON-Seide in ein dreiachsiges Ellipsoid über ($2\,V_\gamma \approx 20°$). Dreiachsige Ellipsoide mit größeren optischen Achsenwinkeln entstehen z. B. durch Quetschen.

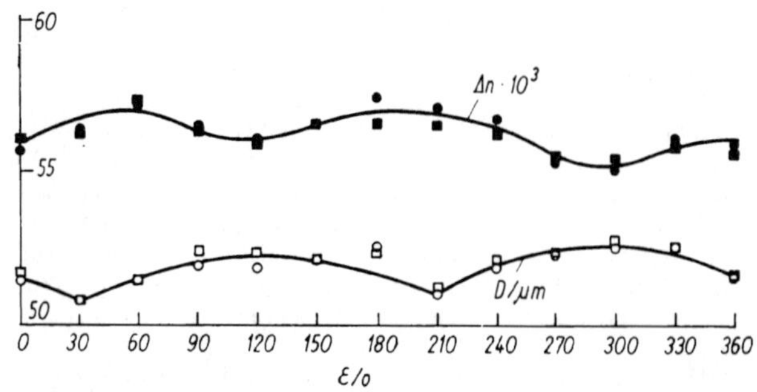

Bild 5. Doppelbrechung und Durchmesser von gereckten KAPRON-Fäden in Abhängigkeit vom Azimutwinkel

4.1.3. *Untersuchung gequetschter Polyamidseiden*

Werden die im Abschnitt 4.1.2 angegebenen runden Polyamidseiden mit den plangeschliffenen Backen einer Schieblehre gequetscht, dann wird der Durchmesser abgeplattet. Es gibt zwei extreme Durchmesser D_1 und D_2, wobei $D_1 > D_2$ sein soll. Mißt man die Doppelbrechung in Richtung D_1, so kann

$$\Delta n_1 = \frac{\Gamma_1}{D_1} = n_3 - n_2 \tag{2}$$

bestimmt werden, siehe Bild 6. In Richtung D_2 erhält man

$$\Delta n_2 = \frac{\Gamma_2}{D_2} = n_3 - n_1. \tag{3}$$

Die Δn_1- und Δn_2-Werte der gequetschten Elementarfäden aus PAS sind in Abhängigkeit von D_1/D_2 (vgl. Bild 6) im Bild 7 dargestellt. Rein äußerlich fällt zunächst auf, daß ungereckte PAS durch das Quetschen negative Doppelbrechungswerte annehmen kann. Eine Entscheidung über den optischen Charakter kann aber erst mit Gleichung (1) herbeigeführt werden. Die entsprechenden Doppelbrechungswerte $n_\beta - n_\alpha$ und $n_\gamma - n_\beta$ müssen aus Δn_1 und Δn_2 bestimmt werden.

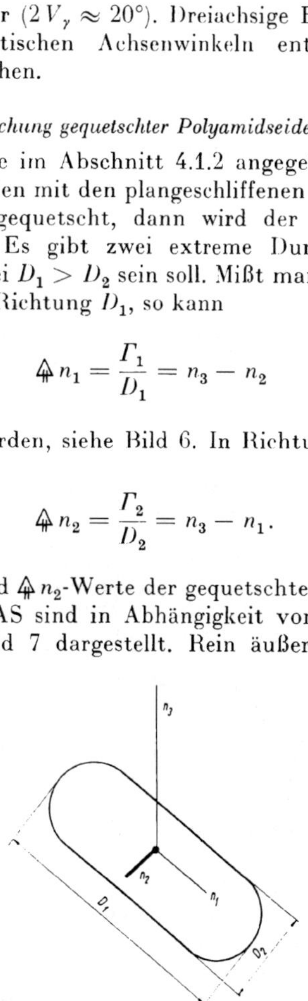

Bild 6. Lage der Hauptachsen der Indikatrix in einem gequetschten Elementarfaden (Querschnitt schematisch gezeichnet)

Für die *ungereckte* und gequetschte PAS ist im Bereich $1 < D_1/D_2 < 2$

$$\Delta n_1 > \Delta n_2 > 0,$$

d. h. mit den Gleichungen (2) und (3) ist

$$n_3 - n_2 > n_3 - n_1,$$

$$\text{d. h. } n_3 > n_1 > n_2.$$

Es ergeben sich also $n_3 = n_\gamma$, $n_1 = n_\beta$ und $n_2 = n_\alpha$, d. h. mit (2) und (3) $\Delta n_1 = n_\gamma - n_\alpha$ und $\Delta n_2 = n_\gamma - n_\beta$. Den halben optischen Achsenwinkel erhält man mit Gleichung (1) aus

$$\operatorname{tg} V_\gamma = \sqrt{\frac{\Delta n_1 - \Delta n_2}{\Delta n_2}}. \tag{4}$$

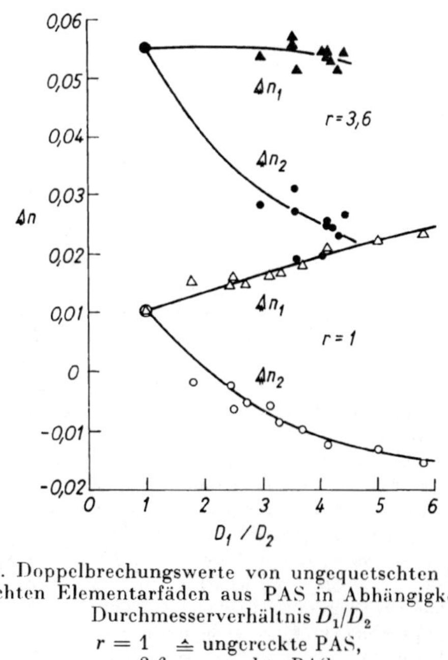

Bild 7. Doppelbrechungswerte von ungequetschten und gequetschten Elementarfäden aus PAS in Abhängigkeit vom Durchmesserverhältnis D_1/D_2
$r = 1$ ≙ ungereckte PAS,
$r = 3{,}6$ ≙ gereckte PAS.

Für die *ungereckte* und gequetschte PAS ist im Bereich $2 < D_1/D_2 < \infty$

$$\Delta n_1 = n_3 - n_2 > 0$$

$$\text{und } \Delta n_2 = n_3 - n_1 < 0,$$

$$\text{d.h. } n_1 > n_3 > n_2.$$

Es ergeben sich also $n_1 = n_\gamma$, $n_3 = n_\beta$ und $n_2 = n_\alpha$, d. h. (wieder mit (2) und (3))

$$\Delta n_1 = n_\beta - n_\alpha$$

$$\text{und } \Delta n_2 = n_\beta - n_\gamma.$$

Den halben optischen Achsenwinkel erhält man deshalb mit Gleichung (1) aus

$$\operatorname{tg} V_\gamma = \sqrt{\frac{\Delta n_1}{-\Delta n_2}}. \tag{5}$$

In diesem Bereich tritt für PAS der seltene Fall ein, daß ein Hauptbrechungsindex senkrecht zur Zylinderachse der PAS größer ist als der Hauptbrechungsindex in der Zylinderachse.

Für die *gereckte* und gequetschte PAS gilt im gesamten untersuchten D_1/D_2-Bereich Gleichung (4).

Mit den Gleichungen (4) und (5) können aus den im Bild 7 dargestellten Doppelbrechungswerten die halben optischen Achsenwinkel berechnet werden, deren Tangens im Bild 8 dargestellt sind.

Aus Bild 8 ist deutlich zu erkennen, daß mit dem Verhältnis D_1/D_2 sowohl bei gereckten als auch bei ungereckten PAS die für $D_1/D_2 = 1$ noch optisch einachsig positiven Elemenarfäden mit zunehmendem D_1/D_2-Verhältnis in optisch zweiachsig positive und schließlich über die optisch neutrale Zone ($\operatorname{tg} V_\gamma = 1$) in optisch zweiachsig negative Elementarfäden übergehen (vgl. dazu Abschnitt 4.1.1). Die ungereckten Elementarfäden werden darüber hinaus noch optisch einachsig negativ ($\operatorname{tg} V_\gamma = \infty$), wobei in diesem besonderen Falle die optische Achse senkrecht zur „Zylinderachse" der Elementarfäden steht.

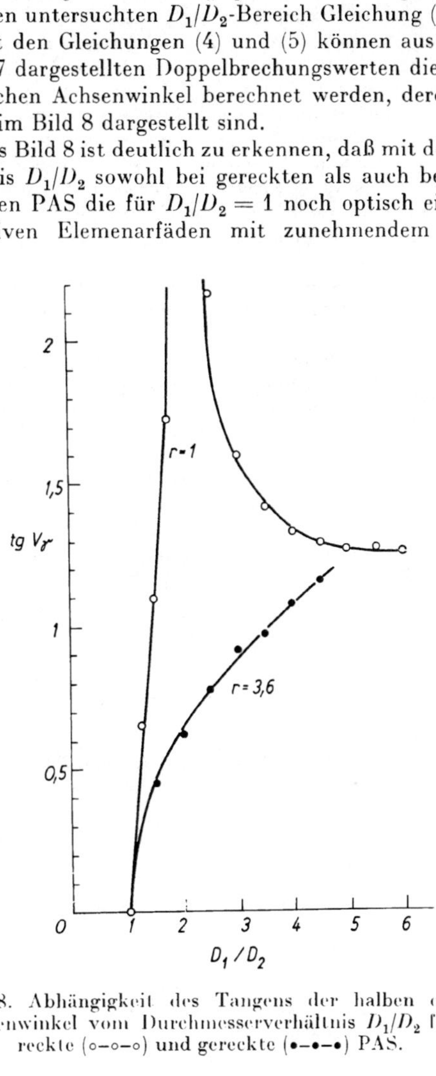

Bild 8. Abhängigkeit des Tangens der halben optischen Achsenwinkel vom Durchmesserverhältnis D_1/D_2 für ungereckte (∘–∘–∘) und gereckte (•–•–•) PAS.

Ist außerdem der mittlere Brechungsindex gegeben, so stehen mit (2) und (3) drei Gleichungen zur Verfügung, mit denen im Bedarfsfall die Hauptbrechungsindizes berechnet werden können. Eine direkte Messung der Hauptbrechungsindizes wäre möglich, wenn die Faserdreheinrichtung mit dem Interphako-Mikroskop [3] verbunden würde.

Der Vorteil der Faserdreheinrichtung kommt also darin zum Ausdruck, daß die optischen Konstanten des Elementarfadens an jeder beliebigen Stelle ohne Anfertigung eines Querschnittes bestimmt werden können. Eine weitere Anwendung dazu ist die Ausmessung von *S*-Masern aus Polyesterseide (PES) mit einer „Seele".

4.2. Bestimmung der Doppelbrechung von S-Masern aus Polyesterseide mit „Seele"

Hoffrichter [8] beschreibt *S*-Masern mit einer sogenannten „Seele" im Masernbauch, die auf Grund ihres abweichenden Strukturzustandes gegenüber der übrigen Fasersubstanz quellbeständiger ist. Es ist deshalb von Interesse, die Doppelbrechung der „Seele" getrennt von der Doppelbrechung des Masernbauches zu erfassen. Die Schwierigkeit besteht darin, daß bei der Messung die Doppelbrechung des Masernbauches auch sauber in Abzug gebracht wird. Außerdem ist der Durchmesser der „Seele" im Verhältnis zum Durchmesser des Masernbauches sehr klein, siehe Bild 9.

Zur Bestimmung der Doppelbrechung der „Seele" gehen wir von Bild 10 aus. Aus diesem ergibt sich für den Gangunterschied Γ bei der Messung der *S*-Maser *ohne* „Seele" (Messung bzw. Kompensation unmittelbar *neben* der „Seele")

$$\Gamma = \Delta n \cdot D. \tag{6}$$

Für den Gangunterschied bei der Messung der *S*-Maser *mit* der „Seele" (Messung bzw. Kompensation *in* der „Seele") ergibt sich aus Bild 10

$$\Gamma_g = \Delta n_s D_s + \Delta n (D - D_s. \tag{7}$$

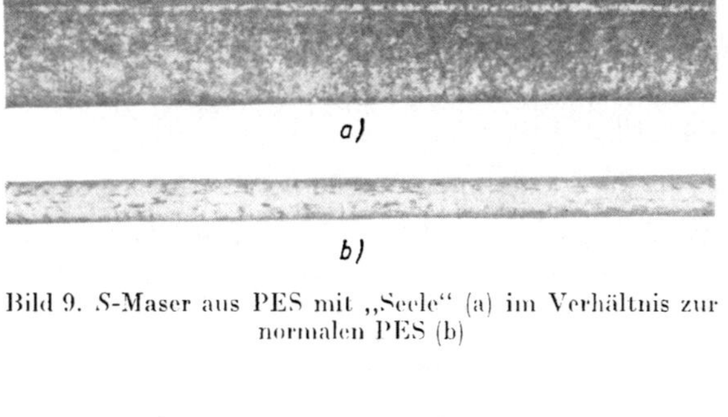

Bild 9. *S*-Maser aus PES mit „Seele" (a) im Verhältnis zur normalen PES (b)

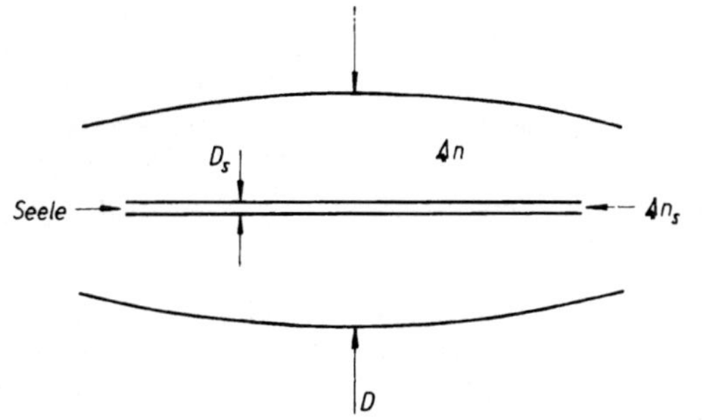

Bild 10. Schematische Darstellung der *S*-Maser und ihrer Abmessungen

Aus den Gleichungen (6) und (7) berechnet sich die Doppelbrechung der „Seele" zu

$$\Delta n_s = \frac{\Gamma_g - \Delta n (D - D_s)}{D_s}. \qquad (8)$$

Durch Anwendung der Faserdreheinrichtung ist gewährleistet, daß die wirklichen D- und D_s-Werte vorliegen und nicht die um $\varepsilon = 90°$ verschobenen Durchmesser. Außerdem kann mit der Faserdreheinrichtung die Seele in eine für die Messung günstige Lage gebracht werden. Mittels Gleichung (8) werden die Meßergebnisse ausgewertet. Bei den von uns ausgemessenen *S*-Masern, die uns freundlicherweise Herr *S. Hoffrichter* zur Verfügung stellte, liegt D in der Größenordnung von 110 µm und D_s in der Größenordnung von 6 µm. Die Doppelbrechung des Masernbauches ergibt sich zu ca. 0,004, während die Doppelbrechung der „Seele" bei 0,06 liegt. Die größere Doppelbrechung der „Seele" gegenüber der des „Bauches" kann durch größere Orientierungs- und/oder größere Ordnungsgrade bedingt sein.

4.3. Untersuchung einer Bikomponentenseide

Bisher haben wir u. a. durch verschiedene Untersuchungen des Faserstoffquerschnitts, auf die hier nicht eingegangen werden soll, das Vorliegen von Bikomponentenfaserstoffen nachgewiesen. Form und exakte Anordnung der beiden Komponenten zueinander werden dabei ebenfalls ermittelt. Letzteres wird auch weiterhin nur über den Querschnitt möglich sein. Die Anwendung der Faserdreheinrichtung erlaubt jedoch jetzt eine Vororientierung in sehr kurzer Zeit. Nach Einspannen eines Elementarfadenstücks in die beiden Klemmen ist es möglich, durch Drehung um die Achse die Trennlinie der beiden Komponenten sichtbar zu machen. Die Mikroaufnahmen Bild 11a und b zeigen dies bei der Bikomponentenseide CANTRECE der Fa. Du Pont, USA.

Bei der Verwendung der Dreheinrichtung an einem Polarisationsmikroskop können die beiden Komponenten auch durch Beobachtung der Interferenzstreifen festgestellt werden.

5. Zusammenfassung

Es wird eine Faserdreheinrichtung beschrieben, die es gestattet, optische Messungen an beliebigen Querschnitten von Faserstoffen durchzuführen, und zwar ohne Zerstörung des Faserstoffes. Die Einrichtung besteht aus einem speziellen Tisch und einem Objektführer mit der Dreheinrichtung.

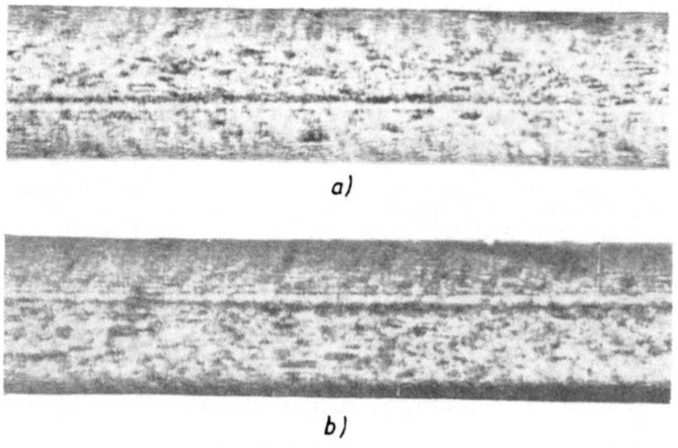

Bild 11. PAS CANTRECE 2,2 tex(1), Vergrößerung 400:1. Trennlinie der beiden Komponenten mit Dreheinrichtung sichtbar eingestellt; die untere Aufnahme (b) zeigt den gleichen Elementarfaden um 180° gedreht.

Unter Einhaltung des *Köhler*schen Beleuchtungsprinzips kann die Dreheinrichtung sowohl an einem Nf-Mikroskop, als auch an einem Polarisationsmikroskop Polmi A (beide vom VEB Carl Zeiss Jena) verwendet werden. Dadurch sind optische Messungen und Untersuchungen im Auf-, Durch- und im polarisierten Licht möglich. Auch die Durchführung von Messungen in verschiedenen Einbettungsmedien wurde vorgesehen. Maximal können 72 Durchmessermessungen an einem Querschnitt vorgenommen und eine Faserlänge von 40 mm untersucht werden.

Als *Anwendung* werden einige optische Konstanten von gequetschter Polyamidseide von *S*-Masern aus Polyesterseide bestimmt und eine Bikomponentenseide untersucht.

Zunächst werden die theoretischen Grundlagen, soweit sie für die Anwendung von Interesse sind, behandelt.

Es kann gezeigt werden, daß bei einer runden Polyamidseide (PAS-ft-mt ungereckt und gereckt, DEDERON 2,2 tex (1)) die Schwankungen von Durchmesser und Doppelbrechung in der Größenordnung der Meßgenauigkeit liegen. (Der optische Achsenwinkel ist Null).

Das Rotationsellipsoid der DEDERON-Seide geht bei der unrunden KAPRON-Seide in ein dreiachsiges Ellipsoid über.

Runde Polyamidseide (monofil) ist normalerweise optisch einachsig positiv. Durch Quetschen wird die Polyamidseide optisch zweiachsig positiv, um bei noch größerer Quetschkraft optisch zweiachsig negativ zu werden. Bei ungereckter Polyamidseide tritt der Fall ein, daß eine Hauptdoppelbrechung negativ wird. Für ein bestimmtes Deformationsverhältnis wird ungereckte Polyamidseide beim Quetschen optisch einachsig negativ, wobei die optische Achse senkrecht zur „Zylinderachse" der Seide steht.

Die Doppelbrechung der „Seele" einer *S*-Maser aus Polyesterseide ist um ca. eine Zehnerpotenz größer als die Doppelbrechung des Masernbauches. Dieses Ergebnis weist auf höhere Ordnungs- oder Orientierungsgrade in der „Seele" hin.

Für die Konstruktion und Fertigung der Faserdreheinrichtung soll hiermit der Abt. Technik des ITC gedankt werden.

Literatur

[1] *Banky, E. C.*, und *Slen, S. B.:* Improved fibre rotator. Textile Res. J. **27** (1957) 5, S. 417–418.

[2] *Barker, S. G.*, und *Norris, M. H.:* An Instrument for the measurement of the contour of fibres and filaments. J. sci. Instruments **7** (1930) S. 22–24.

[3] *Beyer, H.*, und *Schöppe, G.:* Interferenzeinrichtung für Durchlichtmikroskopie. Jenaer Rdsch. **10** (1965) 1, S. 99–105.

[4] *Bobeth, W.*, und *Päßler, H.*: Zum Verhalten von Fäden bei Druckbeanspruchungen durch Walzen. Faserforsch. u. Textiltechnik **19** (1968) 9, S. 418–422; 10, S. 441–446.

[5] *Burri, C.*: Das Polarisationsmikroskop. Basel: Birkhäuser 1950.

[6] *Collins, J. D.*: A rotator to study the dimensions of noncircular filaments. J. sci. Instruments **40** (1963) 4, S. 198–199.

[7] *Dittmann, H.*, *Henkel, H.*, *Kaufmann, S.*, *Lochmüller, O.*, und *Richter, H.*: Dickstellen in verstreckter Polyamidseide und ihre Entstehungsursachen. Teil 1: Das Erscheinungsbild der Dickstellen und die Theorie ihrer Entstehungsmöglichkeiten. Faserforsch. u. Textiltechnik **20** (1969) 6, S. 274–277.

[8] *Hoffrichter, S.*: Untersuchungen an Masern aus Polyester-Seide. Faserforsch. u. Textiltechnik **19** (1968) 7, S. 304–312.

[9] *Ke, B.*: Newer Methods of Polymer Characterization. New York/London/Sydney: Interscience Publishers 1964.

[10] *Kriesche, F.*, und *Clement, A.*: Ein Beitrag zur Zählung der Masern. Faserforsch. u. Textiltechnik **15** (1964) 8, S. 352–358.

[11] *Landolt-Börnstein*: Zahlenwerte und Funktionen. IV. Band: Technik, 1. Teil: Stoffwerte und mechanisches Verhalten von Nichtmetallen. Berlin/Göttingen/Heidelberg: Springer 1955.

[12] *Natus, D.*, und *Sauer, H.*: Beschreibung von Prüfverfahren bei der Perlonseidenherstellung. Faserforsch. u. Textiltechnik **8** (1957) 4, S. 150–159.

[13] *Pfeiffer, H. H.*: Das Polarisationsmikroskop als Meßinstrument in Biologie und Medizin. Braunschweig: Viehweg und Sohn 1949.

[14] *Pockels, F.*: Lehrbuch der Kristalloptik. Leipzig/Berlin: Teubner 1906.

[15] *Rinne, R.*, und *Berek, M.*: Anleitung zu optischen Untersuchungen mit dem Polarisationsmikroskop. Stuttgart: E. Schweizerbart'sche Verlagsbuchhandlung 1953.

[16] *Rossouw, S. D.*: A preleminary study on the relationship between crimp and countour in wool fibres. J. Textile Inst. **22** (1931) S. T374–T384.

[17] *Siebel, E.*, Handbuch der Werkstoffprüfung, V. Band: *H. Sommer* und *F. Winkler*: Die Prüfung der Textilien. Berlin/Göttingen/Heidelberg: Springer 1960.

Eingegangen am 27. Februar 1969

Kurze Mitteilungen[1)]

Eine neue Betriebskontrollmethode zur Wasserbestimmung in Polyäthylenterephthalat

DK 678.674'524'420:543.257:546.212:658.562

1. *Einleitung*

Die Trocknung des PÄT-Granulats ist eine wichtige Verfahrensstufe im Herstellungsprozeß von Polyesterfasern. Der Wassergehalt des dem Schmelzspinnaggregat zugeführten Granulats hat wesentlichen Einfluß auf die Spinnsicherheit im laufenden Betrieb und die Eigenschaften der ersponnenen Fäden. Wie *Zimmermann* und *Hoyme* [1] durch theoretische Berechnungen zeigen konnten, bewirken selbst Wassergehalte von 0,01 bis 0,02% einen merklichen Viskositätsabfall durch hydrolytische Spaltung der Polyesterketten. Um diese unerwünschten Auswirkungen des Wassers auszuschließen bzw. zu vermindern, wird im Produktionsprozeß bis auf Wassergehalte von ca. 0,01% und darunter getrocknet. Die laufende Bestimmung derart geringer Wassergehalte stellt an die analytische Überwachung der Produktion hohe Anforderungen, die mit den bekannten Verfahren nicht zufriedenstellend erfüllt werden konnten. Aus diesem Grunde wurde versucht, eine einfache und zuverlässige Betriebskontrollmethode zu entwickeln.

2. *Methoden zur Bestimmung des Wassergehaltes in PÄT*

Die in der Literatur beschriebenen Verfahren zur Bestimmung des Wassergehaltes in Polyäthylenterephthalat sind von *Zimmermann* und *Hoyme* in der bereits erwähnten Veröffentlichung [1] einer kritischen Betrachtung unterzogen worden. Diese Autoren gelangen zu dem Ergebnis, daß die Trocknungsmethode (Trockenschrank, Trockenpistole) und die *Karl-Fischer*-Titration nach Extraktion der Probe mit verschiedenen Fehlerquellen behaftet sind und nur bedingt zuverlässige Werte liefern. Von ihnen wird als verbessertes Verfahren eine Methode beschrieben, nach der der Wassergehalt durch Lösen der PÄT-Probe in Phenol/Tetrachloräthan, Überdestillieren des Wassers im Stickstoffstrom und anschließende *Karl-Fischer*-Titration bestimmt wird. Dieses Verfahren erfüllt zwar hinsichtlich seiner Genauigkeit und Reproduzierbarkeit die gestellten Anforderungen, kann aber in bezug auf den Zeitaufwand nicht befriedigen. Für eine Analyse werden bis zum Vorliegen des Ergebnisses etwa 75 min benötigt. Davor liegt als notwendiger Arbeitsgang die Reinigung der erforderlichen Lösungsmittel.

3. *Karl-Fischer-Titration nach Austreiben des Wassers (Austreibmethode)*

Bei der Entwicklung einer neuen Methode zur Bestimmung des Wassergehaltes in PÄT ließen wir uns von der in der Einleitung erwähnten Zielstellung leiten. Darüber hinaus wollten wir die Arbeitsgänge Extrahieren bzw. Lösen ausschalten, zur Indikation des Wassers die *Karl-Fischer*-Titration einsetzen und dabei nach Möglichkeit die bei uns üblichen KF-Zellen verwenden.

Eine wertvolle Anregung erhielten wir aus einer Veröffentlichung von *Reid* und *Turner* [2]. Von diesen Autoren wird ein Verfahren zur Wasserbestimmung in Polyäthylen beschrieben, nach dem das Wasser aus der Polyäthylenprobe bei höherer Temperatur mit einem trockenen Stickstoffstrom ausgetrieben, in einer KF-Zelle aufgefangen und durch Dead-stop-Indikation bestimmt wird. Die Durchführung von Vorversuchen führte zu dem Ergebnis, daß das Prinzip dieser Methode mit entsprechenden Abänderungen auf Polyäthylenterephthalat übertragbar ist. Durch Versuchsreihen wurde ermittelt, daß die optimale Temperatur zum Austreiben des Wassers für PÄT bei 170 °C liegt. Um den Gesamtwassergehalt mit Sicherheit zu erfassen, muß der Stickstoffstrom 30 min durch die Probe geleitet werden. Schwierigkeiten bereitete zunächst die Auffindung eines zur Probenaufnahme geeigneten Gefäßes. Am besten bewährten sich U-förmige, beidseitig mit Schliff verschließbare Absorptionsrohre. Diese Rohre können während der Vorbereitung der Probe verschlossen gehalten werden und lassen sich leicht in Heizbäder einhängen.

1) Die Veröffentlichung der „Kurzen Mitteilungen" erfolgt unter alleiniger Verantwortung der Verfasser.

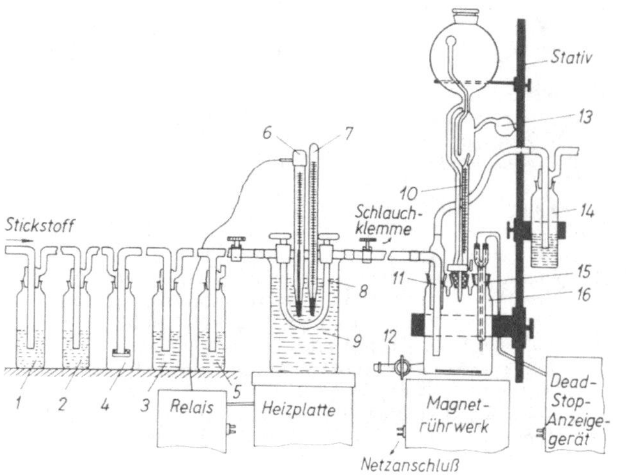

Bild 1. Apparatur zur Bestimmung des Wassergehaltes in PÄT

Tabelle 1. Fehlerbetrachtung zur Austreibmethode

PÄT-Granulat	Wassergehalt [%] (Einzelwerte)	$\bar{x}$	s	v[%]
Probe 1	0,004; 0,005; 0,005; 0,004; 0,004	0,005	0,0009	18,0
Probe 2	0,008; 0,007; 0,008; 0,009; 0,008	0,008	0,0007	8,8
Probe 3	0,013; 0,013; 0,014; 0,013; 0,014;	0,014	0,001	7,2
Probe 4	0,027; 0,029 0,029; 0,030; 0,028	0,029	0,0012	4,1
Probe 5	0,074;, 0,075; 0,073; 0,071; 0,081	0,075	0,0038	5,1

3.1. Beschreibung der Apparatur

Aus einer Bombe oder Leitung wird Stickstoff entnommen, der zur Trocknung durch die Waschflaschen *1* bis *3* (siehe Bild 1) geleitet wird. In den Waschflaschen *1* und *2* befindet sich Magnesiumperchlorat, die Flasche *3* wird mit konz. Schwefelsäure gefüllt. Zum Schutz gegen ein Zurücksteigen der Schwefelsäure und zur Staubabscheidung wird zwischen den Flaschen *2* und *3* eine Waschflasche *4* umgekehrt angeordnet. Das Einleitungsrohr dieser Flasche ist mit einer Glasfritte versehen. Nach der Flasche *3* wird mittels eines *T*-Stückes ein Überdruckgefäß *5* (Waschflasche mit Quecksilber) angeschlossen. Unmittelbar nach dieser Verzweigung folgt das eigentliche Probenrohr *8*, das in ein Siliconölbad *9* eingehängt wird. Der aus dem Probenrohr austretende Stickstoffstrom wird durch ein Einleitungsrohr in die Titrierzelle *16* geleitet. Die Titrierzelle ist ein Dreihalsgefäß mit Ablaßhahn *12*, das mit Einleitungsrohr *11*, Platinelektroden *15* und Bürette *10* bestückt ist und auf einem Magnetrührwerk steht. Nach der Titrierzelle wird der Stickstoffstrom mit Hilfe des Blasenzählers *14* (Waschflasche mit Siliconöl) kontrolliert. Die Platinelektroden sind mit einem Deadstop-Anzeigegerät verbunden.

3.2. Arbeitsvorschrift

In ein trockenes Absorptionsrohr von etwa 14 cm Höhe werden ca. 10 g Polyestergranulat mit einer Genauigkeit von ± 10 mg eingewogen. Beide Schenkel werden sofort verschlossen. Das Gefäß wird dann in ein auf 170 °C erhitztes Siliconölbad eingehängt und mit den von der Stickstoffleitung und vom Einleitungsrohr kommenden Schläuchen verbunden. Vor dem Einleiten des Stickstoffs werden in die Titrierzelle 30 bis 50 ml wasserfreies Methanol gegeben und austitriert. Nun werden der vorher verschlossene Schlauch zur Titrierzelle und die Hähne des Probengefäßes geöffnet und 30 min ein konstanter Stickstoffstrom von 1 bis 2 Blasen/s durch die Apparatur geleitet. Nach Beendigung des Einleiteus wird die Schlauchzuführung am Einleitungsrohr abgeklemmt und das vom Methanol aufgenommene Wasser mit *Karl-Fischer*-Reagenz bis zum Deadstop-Endpunkt titriert.

Täglich wird vor Beginn der Arbeiten mindestens 30 min lang ein trockner Stickstoffstrom durch die Apparatur geleitet, um Schläuche und Glasteile zu trocknen und gleichzeitig einen konstanten Stickstoffstrom einzustellen, der bis zur Beendigung der Arbeiten nicht verändert wird.

Zur Ermittlung des Blindwertes werden die vorher beschriebenen Arbeitsgänge ohne Polyesterprobe durchgeführt. Das leere Absorptionsrohr wird entsprechend der Einfüllzeit für die Probe kurzzeitig geöffnet, in das Bad eingehängt und danach analog Vorschrift weitergearbeitet. Die Ermittlung des Titers der *Karl-Fischer*-Lösung erfolgt täglich vor Beginn der Arbeiten durch Titration einer Methanolprobe mit bekanntem Wassergehalt.

3.3. Reproduzierbarkeit

Zur Ermittlung der Fehlerbreite der Austreibmethode wurden an fünf Proben unterschiedlich vorgetrockneten PÄT-Granulats jeweils fünf Wasserbestimmungen vorgenommen. Aus den erhaltenen Werten (siehe Tabelle 1) wurde mit Hilfe der Fehlerrechnung die Reproduzierbarkeit und Genauigkeit des Verfahrens errechnet.

Die errechneten Standardabweichungen zeigen, daß die an die Genauigkeit des Verfahrens gestellten Anforderungen zufriedenstellend erfüllt werden. Die für eine Analyse benötigte Zeit entspricht den technologischen Forderungen und wird kaum wesentlich zu unterbieten sein.

Über Erfahrungen in der laufenden Betriebskontrolle, über den Vergleich mit anderen Methoden zur Wasserbestimmung und die Anwendbarkeit der Austreibmethode auf andere Hochpolymere soll in einer weiteren Mitteilung berichtet werden.

Literatur

[1] *Zimmermann, H.*, und *Hoyme, H.:* Zur Bestimmung des Wassergehaltes in Polyäthylenterephthalat durch KARL-FISCHER-Titration. Faserforsch. u. Textiltechnik **18** (1967) S. 393–396.

[2] *Reid, V. W.*, und *Turner, L.:* The determination of water in plastic materials. Analyst **86** (1961) S. 36–39.

Hans-Dieter Dinse und Konrad Praeger
Mitteilung aus der Abt. Forschungslabor und der Abt. Betriebskontrolle Dederon des VEB Chemiefaserkombinat Wilhelm-Pieck-Stadt Guben

Eingegangen am 19. März 1969

Faserforschung und Textiltechnik 20 (1969) Heft 9

Über die Initiierung der Pfropfpolymerisation von Acrylnitril auf Cellulose durch Mangan(IV)

DK 677.862.25:677.21:547.458.81:541.124.2:546.714

Die Initiierung der Pfropfpolymerisation von Acrylnitril auf Cellulose (Baumwolle) gelingt leicht mit Mangan(IV) [1]. Dazu wird das zu pfropfende Material mit einer neutralen Permanganatlösung behandelt, wobei es eine braune Färbung annimmt. Anschließend unterwirft man es der Einwirkung von Säure und Acrylnitril.

Um eine Vorstellung von der braunen, auf der Cellulose haftenden Manganverbindung zu gewinnen, haben wir das magnetische Moment bestimmt. Der gefundene Wert von 4,37 B. M. spricht dafür, daß die Hauptmenge des Mangans die Oxydationsstufe IV besitzt, daß darüber hinaus aber gewisse Anteile an Mangan(III) und Mangan(II) vorliegen [2]. Weiterhin ist auf eine direkte chemische Bindung der Metallatome an die Cellulose zu schließen. Adsorptiv an der Faser gebundene oxydische Mangan(IV)- bzw. Mangan(III)-Partikel müßten ein niedrigeres magnetisches Moment ergeben. Sie konnten auch bei einer elektronenmikroskopischen Prüfung (15000fache Vergrößerung) nicht nachgewiesen werden.

Da die von uns untersuchten Celluloseproben nur wenig Mangan enthielten (ca. 0,25%), gestaltet sich eine genaue Aussage über die Art der Bindung desselben schwierig. Es sei jedoch folgendes bemerkt: Im Verlauf der Permanganatoxydation der Cellulose tritt ein Kettenabbau ein. Beispielsweise erniedrigte sich der Durchschnittspolymerisationsgrad unter den früher [1] angegebenen Reaktionsbedingungen von 2400 auf 1600 (gemessen nach der EWNN-Methode). Wahrscheinlich ist damit die Bildung endständiger α-Hydroxycarbonsäure-Gruppierungen verbunden [3]. Wir konnten ferner —CHOH—CO-Funktionen nachweisen. Dazu reduzierten wir mit Natriumboranat, nahmen eine Totalhydrolyse vor und identifizierten im Hydrolysat Glucose und die epimere Mannose [4, 5]. Sowohl HOOC—CHOH- als auch —CHOH—CO-Gruppierungen (evtl. nach dem Übergang in ein Endiol) kommen aber als potentielle Chelatbildner für Mangan(IV) in Frage. Eine Bindung des Metalls an die 1,2-Diolfunktionen der Glucoseeinheiten in der Cellulose (in Analogie zu den Glycerinkomplexen des Mangan(IV) [6]) erscheint uns dagegen wegen der Transstellung der beiden Hydroxylgruppen weniger wahrscheinlich (vgl. dazu die Untersuchungen über die Mangantetraacetat-Oxydation von 1,2-Diolen [7]).

Die mangan(IV)-haltige, braungefärbte Cellulose reagiert nicht mit Acrylnitril [1]. Erst die durch Säurezusatz ausgelöste und mit einer Reduktion des Mangan(IV) zu Mangan(II) verbundene weitere Oxydation führt zur Radikalbildung und somit Initiierung der Pfropfpolymerisation. Als Zwischenstufe ist dabei Mangan(III) denkbar. Da letzteres als Initiator für die Pfropfpolymerisation von Acrylnitril auf Cellulose bereits bekannt ist [8, 9], erhob sich die Frage, ob nicht auch bei unseren Versuchen der Reduktionsschritt Mn(III) $\rightarrow$ Mn(II) die Radikalbildung auslöst, während der Schritt Mn(IV) $\rightarrow$ Mn(III) unwirksam bleibt.

Zur Klärung dieses Problems verfuhren wir wie folgt: 0,316 g $KMnO_4$ wurden in 200 ml H_2O gelöst und mit 10,6 ml frischdestilliertem Acrylnitril versetzt. Es trat sofortige Reduktion zu Mangandioxidhydrat ein. Zum Reaktionsgemisch fügten wir anschließend 20 ml konz. Orthophosphorsäure und 6 g Baumwolle hinzu und kochten 1 h am Rückfluß. Das Mangandioxidhydrat ging zum größten Teil in das schwerlösliche $MnPO_4$ über. Etwa 10% wurden im Filtrat der Reaktionsmischung als Mangan(II) wiedergefunden (Bestimmung durch Fällung als $MnNH_4PO_4$). Die Gewichtszunahme der Baumwolle durch Polyacrylnitrilpfropfung betrug 25%.

Um auszuschließen, daß die im Zuge dieser Experimente erzielte Pfropfung durch den Übergang von 10% des eingesetzten Mangandioxidhydrats in Mangan(II) verursacht wird, unternahmen wir einen Versuch mit $^1/_{10}$ der oben angegebenen Permanganatmenge und ersetzten die Phosphorsäure durch eine äquivalente Menge Salpetersäure. Die Mangandioxidreduktion wurde in diesem Fall nicht bei der Oyxdationsstufe III abgestoppt, sondern führte direkt zum Mangan(II). Eine nennenswerte Pfropfausbeute konnte dabei nicht festgestellt werden.

Die Verhältnisse in einer salpetersauren Lösung sind sicher mit denen in einer phosphorsauren nicht direkt zu vergleichen. Immerhin lassen sich diese Befunde zwanglos mit der Annahme erklären, daß auch der Übergang von Mangan(IV) in Mangan(III) die Pfropfpolymerisation von Acrylnitril auf Cellulose initiieren kann.

Freundlicherweise wurden die magnetische Messung von Herrn Dr. *K. Staiger*, Jena, und die elektronenmikroskopischen Aufnahmen von Herrn Dipl.-Chem. *B. Bochmann*, Dresden, ausgeführt. Dafür sowie für wertvolle Diskussionen gilt beiden unser Dank.

Literatur

[1] *Uhlig, E.*, und *Teichmann, R.*: Pfropfpolymerisation auf Cellulose (Baumwolle), initiiert durch aktiven Braunstein. Faserforsch. u. Textiltechnik **19** (1968) 5, S. 239.

[2] *Figgis, B. N.*, und *Lewis, J.*: The magnetic properties of transition metal complexes. Progress Inorg. Chem. **6** (1964) S. 37—239.

[3] *Rath, H.*: Lehrbuch der Textilchemie. 2. Aufl. Berlin/Göttingen/Heidelberg: Springer 1963, S. 23 und 24.

[4] *Kulkarni, A. Y.*, und *Mehta, P. C.*: Oxidation of cellulose by ceric ion. J. Polymer Sci., B: Polymer Letters **5** (1967) 3, S. 209—215.

[5] *Goldstein, I. J.*, *Hamilton, J. K.*, *Montgomery, R.*, und *Smith, F.*: Reduction of the products of periodate oxidation of carbohydrates. V. The constitution of cellulose. J. amer. chem. Soc. **79** (1957) S. 6469—6473.

[6] *Remy, H.*: Lehrbuch der Anorganischen Chemie, Band II. 10. Aufl. Leipzig: Akademische Verlagsgesellschaft Geest & Portig 1959, S. 268.

[7] *Zonis, S. A.*, und *Pesina, A. G.*: Mangantetraacetat als Oxydationsmittel für organische Verbindungen. 1. Zur Frage der Oxydationsreaktion von α-Glykolen. Z. obšč. chimii (J. allg. Chem.) **20** (1950) 7, S. 1180 bis 1186.

[8] *Livšic, R. M.*, und *Rogovin, Z. A.*: Synthese von Pfropfcopolymeren der Cellulose mit Polymeren mit Kohlenstoffkette unter Verwendung von Mangan(III)-pyrophosphat. Chim. Volokna (Chem. Fasern) (1963) 6, S. 38—40.

[9] *Singh, H.*, *Thampy, R. T.*, und *Chipalkatti, V. B.*: Graft copolymerization of vinyl monomers initiated by manganic sulfate — sulfuric acid. J. Polymer Sci., A: General Papers **3** (1965) 12, Teil 1, S. 4289—4293.

Egon Uhlig
Sektion Chemie der Friedrich-Schiller-Universität Jena

Rainer Teichmann
Forschungsinstitut für Textiltechnologie Karl-Marx-Stadt

Eingegangen am 20. Mai 1969

Zur Viskositätskorrigierung des Filterwertes von Viskosen

DK 661.728.84:677.463.021.435:677.463.021.319

Vom Fachausschuß für Reyon, Zellwolle und Folien im Verein Zellcheming wurde kürzlich das Merkblatt III/6A/68 herausgegeben [1], das die theoretischen Grundlagen der Filtrierbarkeitsprüfung behandelt. Im genannten Merkblatt werden die Herleitungen der verschiedenen Filtrationsgleichungen skizziert und die Anwendungen besprochen. Für das meist verwendete Standard-„gesetz" nach *Hermans* und *Bredée* [2] wird u. a. auch die Linearisierung der Standardgleichung behandelt; es wird gezeigt, daß in den rektilinearen Koordinatensystemen t/M, t, ferner M/t, M sowie $1/M$, $1/t$ die Gleichung durch eine Gerade wiedergegeben wird. Nun sind damit im Prinzip die möglichen Linearisierungen — zumindest formal — noch nicht erschöpft, worauf übrigens schon *Meskat* [3] hinwies.

Man kann die *Hermans/Bredée*sche Standardgleichung, die meist in der Form

$$\frac{k}{2}\cdot t = \frac{t}{M} - \frac{1}{S_0} \qquad (1)$$

geschrieben wird (k = Verstopfungskonstante, t = Filtrationsdauer in Minuten, M = Masse des Filtrates zur Zeit t in Gramm, S_0 = initiale Filtrationsgeschwindigkeit), leicht in den Ausdruck umformen

$$M = \frac{t}{\frac{k\cdot t}{2} + \frac{1}{S_0}} \qquad (2)$$

umformen:

$$\frac{1}{t} = \frac{S_0\left(1 - \frac{k}{2}\cdot M\right)}{M}$$

differenzieren:

$$\frac{dM}{dt} = S = \frac{\frac{1}{S_0}}{\underbrace{\left(\frac{k\cdot t}{2} + \frac{1}{S_0}\right)^2}_{t/M}}$$

$$S = \frac{1}{S_0}\left(\frac{M}{t}\right)^2 \qquad (3)$$

$$S = \frac{M^2}{S_0}\cdot\frac{S_0^2\cdot\left(1-\frac{k}{2}\cdot M\right)^2}{M^2} = S_0\left(1-\frac{k}{2}\cdot M\right)^2. \qquad (4)$$

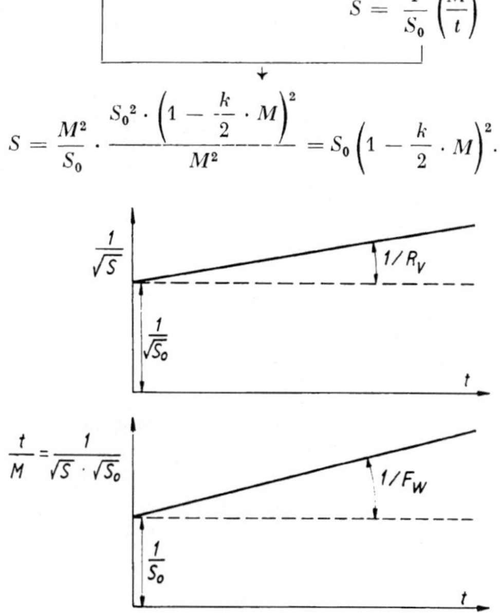

Bild 1. Theoretische Filtrationskurven bei Gültigkeit der *Hermans/Brédée*schen Standard-Filtrationsgleichung

Durch Differenzieren von Gleichung (2) erhalten wir die Filtrationsgeschwindigkeit S, für die sich schließlich Gleichung (4) ergibt. Wir ziehen die Quadratwurzel und setzen für $k/2$ den Filterwert Fw ($k/2 = 1/Fw$):

$$\sqrt{S} = \sqrt{S_0}\cdot\left(1 - \frac{1}{F_w}\cdot M\right) = \sqrt{S_0} - \underbrace{\boxed{\frac{\sqrt{S_0}}{F_w}}}_{\frac{1}{R_v}}\cdot M. \qquad (5)$$

In Kombination mit Gleichung [3] erhalten wir somit

$$\frac{1}{\sqrt{S_0}}\cdot\frac{M}{t} = \boxed{\sqrt{S} = \sqrt{S_0} - \frac{M}{R_v}}. \qquad (6)$$

eine lineare Gleichung, wenn wir $\sqrt{S}$ gegen M auftragen mit der Größe $1/R_v$ als Steigungsmaß. Eine ähnliche lineare Gleichung erhält man durch Einsetzen von Gleichung (3) in Gleichung (1), nämlich

$$\frac{t}{M} = \frac{1}{\sqrt{S\cdot S_0}} = \frac{t}{F_w} + \frac{1}{S_0} \qquad (7)$$

oder nach Multiplikation mit $\sqrt{S_0}$

$$\boxed{\frac{1}{\sqrt{S}} = \frac{t}{R_v} + \frac{1}{\sqrt{S_0}}}. \qquad (8)$$

In den beiden analogen Gleichungen ist das Steigungsmaß der reziproke Filterwert Fw bzw. die physikalisch gleichbedeutende Größe R_v, der (viskositäts-)reduzierte Filterwert nach *Vosters* [4] (Bild 1).

Werden daher zwei Viskosen mit verschiedener Viskosität η (Kugelfallzeit in s), jedoch gleichem Verschmutzungsgrad durch dasselbe Filtermaterial filtriert, so sollte man in der Auftragung $1/\sqrt{S}$ gegen t parallele Linien erwarten. In Bild 2 ist das Ergebnis eines solchen Versuches wiedergegeben. Da der Viskositätsunterschied zwischen den Viskosen A und B sehr groß ist (ca. 1:21) und die Viskose mit niederer Viskosität (B) nur durch Verdünnen der hochviskosen Viskose (A) gewonnen wurde, könnte die beobachtete Abweichung hauptsächlich darauf zurückgeführt werden, doch würde man dann $Rv_B > Rv_A$ erwarten. Die entsprechenden Rv-Werte sind jedoch 263 bzw. 380.

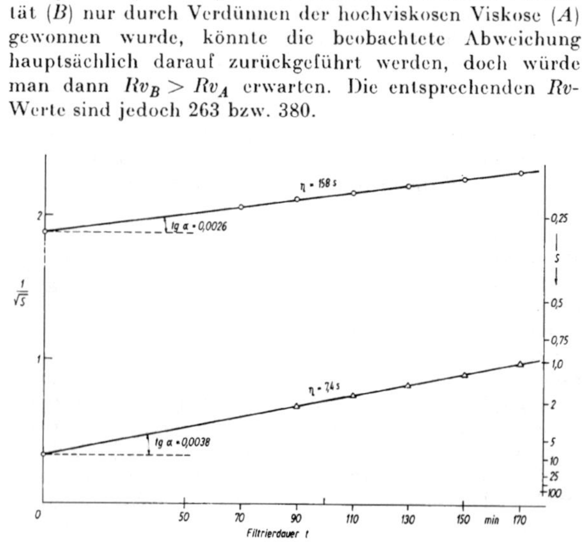

Bild 2. Experimentell ermittelte Filtrationskurven der Viskosen A und B

Tabelle 1. R_v- und R_v^*-Werte der Vergleichsviskosen A und B

Bezeichnung	Viskoseviskosität η in Kugelfallsekunden	F_w	R_v (nach *Vosters*)	R_v^*	S_0
A	158	206	380	1562	0,286
B	7,4	790	263	1759	9,0

Da bei Schwankungen in der Filterporosität die Größe S_0 nicht mehr ausschließlich von der Viskoseviskosität abhängt, hielten wir dieses Verfahren für die Praxis weniger geeignet und entwickelten eine semiempirische Korrekturformel von der Form

$$R_v^* = F_w \cdot \eta^{0,4}, \tag{9}$$

in der die Viskosität direkt eingeht [5]. Auf dasselbe Beispiel angewandt, erhalten wir die R_v^*-Werte 1759 und 1562, die wesentlich besser übereinstimmen (siehe Tabelle 1) und in der erwarteten Richtung differieren.

Literatur

[1] Papier **22** (1968) S. 900.
[2] *Hermans, P. H., Brédée, H. L.* (und *de Booys, J.*): Zur Kenntnis der Filtrationsgesetze. Rec. Trav. chim. Pays-Bas **54** (1935) S. 680—700.
[3] *Meskat, W.*, in: *Götze, K.*: Chemiefasern nach dem Viskoseverfahren. 3. Aufl. Berlin: Springer 1967, Bd. 1, S. 494 ff.
[4] *Vosters, H. L.*: Filtrability of viscose. V. Svensk Papperstidn. **57** (1954) 4, S. 122—140.
[5] *Treiber, E.*, und *Kolos, F.*: Zur Viskositätsbeeinflussung des Filterwertes von Viskosen. Mh. Chemie **93** (1962) S. 455—468.

Erich Treiber und Ove Lidbrandt
Schwedisches Holzforschungsinstitut
Stockholm, Schweden

Eingegangen am 13. Juni 1969

Neue Bücher

Diffusion in Polymers. Hgg. von *J. Crank* und *G. S. Park.* London/New York: Academic Press 1968. XII, 452 S. Lwd. 105 s.

Dieses Buch versucht, einen Überblick über den heutigen Wissensstand auf dem Gebiet der Diffusion in Polymeren zu geben. Es wurde von Autoren geschrieben, die selbst Wesentliches zur Entwicklung dieses Gebietes beigetragen haben.

Das Buch gliedert sich in 10 Kapitel. Das erste führt in die grundlegenden Meß- und Rechenverfahren ein. Die folgenden Kapitel behandeln die Diffusion von Gasen und Dämpfen in Polymeren, Diffusionstheorien, Diffusionsanomalien und die Diffusion und Permeation in heterogenen Medien. Darauf folgt ein Kapitel, das die Geschwindigkeitsmessung bei der Auflösung von Polymeren beschreibt und Diffusionstheorien auf dieses wichtige Problem anwendet. Die letzten drei Kapitel befassen sich mit Polymer/Wasser-Systemen und mit der Diffusion von anderen Komponenten, wie organischen Farbstoffen und kleinen Ionen in diesen Systemen. Vor allem durch das Kapitel 9 "Kinetics of Dyeing" erhält das Buch auch unmittelbares Interesse für den Leser dieser Zeitschrift. Im Kapitel 10 "Transport in Ion-exchange Polymers" wird auf die Bedeutung der Membrantechnik hingewiesen. Die chromatographischen Trennverfahren an Polymeren, insbesondere die Gelchromatographie, werden in dem Buch nicht erwähnt. Jedem Kapitel sind Literaturzitate angefügt, die eine Einarbeitung in das Gebiet ermöglichen. Die Literatur scheint dabei im allgemeinen bis 1965 erfaßt zu sein. Das Buch schließt mit je einem Autoren-, Material- und Sachverzeichnis.

Der Schwerpunkt liegt mehr auf der Darstellung der grundlegenden wissenschaftlichen Probleme und weniger auf den technologischen Anwendungen. Die einzelnen Kapitel stellen weitgehend in sich abgeschlossene Arbeiten dar. Dadurch erhält das Buch etwas den Charakter einer Monographiesammlung, was jedoch kein Nachteil ist. Wenn man das Buch auch nicht als hochaktuell bezeichnen kann, so erreicht es doch sein Ziel, einen Überblick über die Grundlagen der Diffusion in Polymeren zu geben. Es ist deshalb für alle Fachkollegen, in deren Arbeitsgebieten Diffusionsprobleme in Polymeren eine Rolle spielen, wichtig und nützlich.

P. Fritzsche

Organic chemistry of macromolecules. Von *A. Ravve.* New York: Marcel Dekker 1967. XIV, 498 S. Lwd. $ 18,75.

Nicht nur bei uns sind die Hochpolymeren an den meisten Hochschulen auch heute noch eine Stiefkind der Wissenschaften. Wenn sich darin in jüngster Zeit ein Wandel abzeichnet, so erhebt sich damit zugleich die Frage nach den entsprechenden Lehrbüchern. Eine Reihe ausgezeichneter Monographien und Lehrbücher ist inzwischen leider 15 oder 20 Jahre alt geworden, ohne eine Neubearbeitung erfahren zu haben. In den letzten Jahren gab es jedoch einige Neuerscheinungen, die den gegenwärtigen Wissensstand auf diesem Fachgebiet in Lehrbuchform vermitteln wollen. Zu diesen gesellt sich nun die Einführung in die organische Chemie der Hochpolymeren von *A. Ravve.* Sie ist sowohl als einführendes Lehrbuch für Studenten als auch für Chemiker, die sich in dieses Gebiet einarbeiten wollen, gedacht. Es werden also keinerlei Kenntnisse der makromolekularen Chemie vorausgesetzt.

Dementsprechend beginnt das Buch mit einer knappen historischen Einführung und Definitionen. Abschnitte über die physikalischen Eigenschaften von Makromolekülen und die Methoden der Bestimmung der rel. Molekülmasse sowie einige andere Aspekte der physikalischen Chemie der Hochpolymeren sind als einführende Exkurse gedacht. Den Hauptteil des Buches bilden die Abschnitte über die Prinzipien der Polymerisations- und Polykondensationsreaktionen, deren Mechanismen und Verfahrensweisen und die Beschreibung der wesentlichsten Arten der synthetischen Polymeren im einzelnen. Kürzere Abschnitte über Polysaccharide, Proteine und Nukleinsäuren und Kapitel über Pfropf- und Segmentpolymere, Umsetzungen an Polymeren und Polymerabbau runden den Inhalt ab. Jedes der 25 Kapitel wird mit einem Verzeichnis der einschlägigen Monographien und der zahlreichen zitierten Originalarbeiten abgeschlossen. Ein Autoren- und ein Sachregister schließen das Buch ab.

Der Stoff wird in klarer und — auch graphisch — übersichtlich gegliederter Form dargeboten. In den einzelnen Kapiteln wird aber häufig eine solche Fülle von Fakten auf kleinstem Raum dargeboten, daß es dem Anfänger schwerfallen dürfte, das Tatsachenmaterial zu überblicken und einzuordnen. Hier geht der Inhalt weit über ein einführendes Lehrbuch hinaus und entspricht eher dem Stil einer knappen Monographie. Sehr nützlich erscheint dem Rezensenten die Besprechung der Synthesen von Monomeren und Ausgangssubstanzen bei den einzelnen Polymeren. Leider ist das nicht durchgängig beibehalten worden und wo es der Fall ist, offenbar nicht immer sehr kritisch oder aktuell. Die angeführten Acrylnitrilsynthesen z. B. finden zwar noch technische Anwendung, weltmarktfähige Anlagen basieren jedoch auf anderen Synthesewegen. Nur selten findet man kurze Hinweise auf die Nutzanwendung der Polymeren. Gerade dieser Aspekt könnte aber dazu angetan sein, dem Neuling die Vielfalt der Polymeren anschaulich näher zu bringen.

Neben gelegentlichen Druckfehlern begegnet man auch einigen Unexaktheiten und inhaltlichen Fehlern. So wird z. B. die Wirkung der Thiole als Kettenüberträger mit der Acidität der Sulfhydrylgruppe erklärt (S. 76). So schmeichelhaft es für einige Leser dieser Zeitschrift erscheinen muß, wenn Dimethylformamid als einziges Medium für die Lösungspolymerisation des Acrylnitrils genannt wird, so verwenden großtechnische Lösungspolymerisationsverfahren heute doch noch vorwiegend anorganische Salzlösungen oder Dimethylsulfoxid. Als Ursache der starken zwischenmolekularen Kräfte im Polyacrylnitril sind nicht mehr die angeführten Wasserstoffbrückenbindungen, sondern Dipolkräfte anzusehen (S. 220). Die Synthese von Acrylamid durch Reduktion des Acrylnitrils (S. 221) wird der mit der organischen Chemie Vertraute leicht als Fehler erkennen, den Namen des Entdeckers des Geleffektes — *Trommsdorff* — dagegen muß er dem Lehrbuch entnehmen können (S. 74, 81).

Der Lernende erwartet naturgemäß von einem Lehrbuch in jedem Punkt präzise Informationen und eine Orientierung auf die wesentlichsten Fakten und Zusammenhänge. Bei einer zukünftigen Durchsicht des vorliegenden Buches sollte negativen Beispielen dieser Art sorgfältig nachgespürt werden. Sie mindern den Wert der in ihrer Konzeption durchaus zu begrüßenden Neuerscheinung. *W. Makschin*

Meßtechnische Ermittlung der Autokorrelationsfunktion von Faserlängsverbänden. Von *Walter Wegener* und *Günter Feier.* Forschungsberichte des Landes Nordrhein-Westfalen. Nr. 1979. Köln und Opladen: Westdeutscher Verlag 1968. 48 S. Brosch. DM 30,80.

Die Autoren stellen nach einem kurzen Literaturabriß, der die wesentlichsten Arbeiten zum Problem der Ungleichmäßigkeitsbeurteilung von Faserlängsverbänden durch sekundär gewonnene Kennfunktionen (Längenvariations-, Spektrums-, Autokorrelationsfunktion) nennt, die aus dem Schrifttum bekannten theoretischen Grundlagen für die Bildung und die allgemeinen Eigenschaften der Autokorrelationsfunktion sowie ihre über die Fouriertransformation bestehende Beziehung zum Leistungsspektrum zusammen.

Es folgen Angaben über die verschiedenen Möglichkeiten, um Autokorrelationsfunktionen aus vorgegebenen, zu analysierenden Signalverläufen zu gewinnen. Neben dem einfachen numerischen Verfahren, das durch die Benutzung von automatischen Datenerfassungsanlagen und Digitalrechnern (ein problemorientiertes Flußdiagramm ist als Beispiel angeführt) enorm rationalisiert werden kann, werden anhand einiger Prinzipdarstellungen die analogen Verfahren zur maschinellen automatischen Berechnung der Korrelationsfunktion besonders herausgestellt, weil diese im allgemeinen ökonomische Vorteile bieten.

Ausführlich wird der vom Institut für Regelungstechnik der Technischen Hochschule Trondheim (Norwegen) entwickelte und von der Firma Noratom (Oslo, Norwegen) gebaute Analogspezialrechner ISAC (Instrument for Statistical Analog Computation) beschrieben, der für die Berechnung der im experimentellen Teil diskutierten Autokorrelationsfunktionen benutzt wurde. Mit diesem Rechner, dessen Signalspeicher aus einer 1,57 m bzw. 4,71 m langen Magnetbandschleife besteht und dessen maximale Signalspeicherzeit (bis zu 3 Signalverläufe gleichzeitig aufnehmbar) bei der niedrigsten möglichen Aufnahmegeschwindigkeit von 0,31 mm/s und der langen Bandschleife knapp 4 h beträgt, ist es wahlweise möglich, Korrelations- und Leistungsspektrumsfunktionen oder auch Wahrscheinlichkeitsverteilungsdichten erster Ordnung der gespeicherten Signalverläufe zu berechnen. Die τ-Verschiebung bei der Berechnung von Korrelationsfunktionen wird über die schrittweise Verschiebung eines der beiden Wiedergabeköpfe (Schrittweiten: wahlweise 0,25 mm oder 1 mm) der Magnetbandeinheit erreicht, wobei maximal 400 bzw. 100 Einzelpunkte der Funktion berechnet werden können.

Bei einer qualitativ theoretischen Abschätzung des statistischen Fehlers, der bei der Berechnung der Autokorrelationsfunktion auftritt, wird der dominierende Einfluß der Integrations- bzw. Beobachtungszeit auf denselben herausgestellt.

Die abschließend vorgestellten Auswertungsbeispiele von drei Baumwollgarnen (gekämmte Baumwolle 20 tex (Nm 50), gekämmte Baumwolle 14,3 tex (Nm 70), Baumwolle 25 tex (Nm 40) sind geschickt so gewählt, daß die Vorteile der Ungleichmäßigkeitscharakterisierung durch die Autokorrelationsfunktion besonders deutlich werden. Diese sind: exakte Trennung stochastischer und periodischer Ungleichmäßigkeitsanteile, Erkennen auch nur zeitweilig auftretender oder langsam verschwindender Periodizitäten sowie periodischer Schwankungen mit Phasensprüngen. Den drei Autokorrelationsfunktionen sind die entsprechenden Längenvariationskurven sowie die Uster-Spektren gegenübergestellt.

Der Vergleich von Autokorrelationsfunktion und Uster-Spektrogramm kann leider deshalb nicht ganz überzeugen, da teilweise (Garn I) in ihrem Wellenlängenbereich nicht vergleichbare Diagramme gegenübergestellt werden. Sicher hätten die ansonsten sehr wertvollen Ausführungen, die geeignet scheinen, erneut auf die Autokorrelationsfunktion als Materialkennfunktion mit höherer Aussagekraft aufmerksam zu machen, inhaltlich dadurch gewonnen, wenn die ermittelten Autokorrelationsfunktionen nicht nur den Uster-Spektren, sondern auch den mit Hilfe des benutzten ISAC-Rechners leicht zusätzlich zu erhaltenden Autoleistungsspektren gegenübergestellt worden wären.

R. Beyreuther

Einsatz des Doppeldraht-Zwirnverfahrens bei der Verarbeitung von Fasergarnen. Von *Herbert Stein, Wolfgang Stein* und *Andreas Erkens.* Forschungsberichte des Landes Nordrhein-Westfalen. Nr. 1944. Köln und Opladen: Westdeutscher Verlag 1968. 53 S., 32 Abb., 2 Tab. Kart. DM 32,40.

Das Doppeldraht-Zwirnverfahren konnte sich bei der Verarbeitung von Fasergarnen in größerem Umfange durchsetzen. Dadurch wird die Erzeugung großer knotenfreier Fadenlängen und die Anwendung relativ hoher Liefergeschwindigkeiten möglich. Das Doppeldraht-Zwirnverfahren wird einer eingehenden Analyse hinsichtlich seines Prinzipes und seiner besonderen Eigenschaften unterzogen. Im ersten Teil der Arbeit werden Baumwollgarne 20 tex und Garne 18 tex aus 55 Polyesterfasern/45 Wolle vergleichweise nach dem Doppeldraht-, dem Ring- und dem Zweistufen-Zwirnverfahren verarbeitet. Dabei tritt beim Doppeldraht-Zwirnverfahren die günstigste Verbesserung der Masseungleichmäßigkeit gegenüber dem Ausgangsgespinst ein. Es werden weiterhin das Kraftdehnungsverhalten und die Drehungsungleichmäßigkeit untersucht. Die Variationskoeffizienten der Drehung sind für Zwirn aus Polyesterfasern/Wolle fast doppelt so groß wie für Baumwollzwirn. Das führt zu der Annahme, daß die Gleichmäßigkeit der Drehungsverteilung möglicherweise eher durch eine geeignete Faserstoffauswahl als durch ein bestimmtes Zwirnverfahren verbessert werden kann.

Der zweite Teil der Arbeit ist speziellen Problemen des Doppeldrahtzwirnes, besonders der Staubentwicklung, gewidmet. Die Versuche wurden mit rohweißen und gefärbten Garnen aus Polyesterfasern und Polyesterfasern/Wolle durchgeführt. Dabei zeigte sich, daß eine beträchtliche Reduzierung der Staubmenge durch eine geeignete Wahl der Avivagen möglich ist. Folglich kann man mit Hilfe einer geeigneten Avivage auch eine Reduzierung der Reißkraft und Reißdehnung verhindern.

Die Arbeit stellt für die Zwirnerei eine wertvolle Bereicherung dar. *H. Fuchs*

Wood as raw material. Von *George Tsoumis.* Oxford: Pergamon Press 1968. VIII, 276 S. Kunstleder 80 s.

Dieses Buch, das die vielseitigen Aspekte des Holzes in kurzgefaßter Form darstellt, ist aus Vorlesungen des Autors an Universitäten in den USA und in Europa entstanden und primär für Studenten bestimmt. Doch liefert dieses Buch soviel Informationen und Verweisungen auf weitere Literatur, daß jeder, der sich mit Holzfragen beschäftigt, diese Schrift mit Gewinn zur Hand nehmen wird. Darüber hinaus sind die Abbildungen sehr geschickt ausgesucht und fast durchweg von hoher Qualität.

Das Buch ist in 12 Kapitel und einen kurzen methodischen Anhang gegliedert. Im einzelnen werden die makroskopischen und mikroskopischen Charakteristiken des Holzes sowie die Ultrastruktur verschiedener Zellen und Zellelemente in den ersten Kapiteln abgehandelt. Bemerkenswert sind die Kapitel über das Wachstum des Holzes und der Rinde sowie die Beeinflussung des Wachstums vor allem durch innere Faktoren. Auch das Holz der Äste und der Wurzel wird erwähnt. Ausführlich werden die Holzanomalien besprochen, wobei das ganze Reaktionsholzproblem im

Vergleich zu anderen Stichpunkten auffallend breit behandelt wird. Dagegen wird der Befall des Holzes durch Bakterien, Pilze, Insekten, Meeresorganismen sowie der Einfluß von Feuer, Chemikalien, Trocknung und Witterung relativ kurz beschrieben. Ein ausführlicher Schlüssel zum Bestimmen nordamerikanischer und europäischer Hölzer beschließt das Buch. Im Anhang sind technische Hinweise für meist mikroskopische Arbeiten am Holz gegeben, die aber in dieser kurzen Form nur wenige wirklich brauchbare Anregungen geben dürften. Das 14 Seiten starke Register, in dem allerdings auch die Holzarten aufgeführt sind, ist für das kleine Buch sehr ausführlich gehalten.

Diesem vorzüglich gelungenem Buch sollte man eine weite Verbreitung wünschen. *G. Casperson*

Chemische Reaktionen bei der Verarbeitung von plastischen Kunststoffen. Von *Dietrich Braun.* Forschungsberichte des Landes Nordrhein-Westfalen. Nr. 1755. Köln und Opladen. Westdeutscher Verlag 1967. 83 S. Kart DM 46,10.

In diesem Heft sind hauptsächlich die Abbauvorgänge bei der Verarbeitung der „Massenplaste" Polystyrol, Polyolefine und PVC dargestellt. Neben den Abbaureaktionen beim eigentlichen Verformungsprozeß, die in Abhängigkeit von den dabei auftretenden Schergeschwindigkeiten in der Reihenfolge Pressen, Kalandrieren, Extrudieren und Spritzgießen behandelt werden, finden sich auch Hinweise auf rein mechanische Abbauvorgänge beim Mahlen und Kneten von organischen Hochpolymeren.

Während die Angaben über Polystyrol, Polyolefine und PVC den Kunststoffverarbeitern sicher manchen wertvollen Hinweis auf das Verhalten ihrer Substanzen unter Verarbeitungsbedingungen geben kann, ist z. B. das thermische Verhalten der Polyamide (S. 29) zu kurz und einseitig dargestellt. Der speziell Interessierte wird deshalb sicher nicht von der Lektüre eines der einschlägigen Fachbücher (z. B. Kunststoff-Handbuch) befreit. *K. Dietrich*

Man-Made Fibers: Science and Technology. Vol. III. Hgg. von *H. F. Mark, S. M. Atlas* und *E. Cernia.* (Polymer Engineering and Technology.) New York/London/Sydney: Interscience Publ. 1968. XII, 706 S. Ldw. 253 s.

Während Vol. I grundsätzliche Betrachtungen zur Fadenbildung und Faserstruktur bringt [1] und in Vol. II speziell die Faserstoffe auf Basis Cellulose und Polyamide behandelt werden [2], befaßt sich Vol. III mit den Polyester-, Polyacryl-, Polyvinyl- und Polyolefinfasern. Außerdem sind Kapitel den elastomeren, elementorganischen, Glas- und Metall-Faserstoffen gewidmet. Schließlich wird in gesonderten Kapiteln auf die Prinzipien der Veredlung, Ausrüstung, Präparation, Färberei und auf die Faserprüfung eingegangen.

Auf dem Polyestergebiet wird von *K. W. Hillier* eine knapp gehaltene Übersicht über die Polyäthylenterephthalatfaser (20 Seiten) und anschließend von *S. Morimoto* eine ausführlichere Darlegung der Copolymeren (60 Seiten) sowie von *E. V. Martin* und *Ch. J. Kibler* eine gesonderte Abhandlung über die Poly-(1,4-Cyclohexylendimethylenterephthalat-)Faser (51 Seiten) gegeben.

Über die Acrylfasern berichtet *E. Cernia* (62 Seiten), wobei auch auf die verschiedenen Medien und Geschwindigkeitsverhältnisse bei der Polymerisation von Acrylnitril und die Viskositäts-Molekulargewichtsbeziehungen eingegangen wird. Ein weiteres Kapitel von *R. K. Kennedy* befaßt sich mit den Modacrylfasern (44 Seiten). Hier stehen die Fasereigenschaften insbesondere von Dynel und Verel im Vordergrund.

Eine eingehende Behandlung findet die Polyvinylalkoholfaser in dem Aufsatz von *T. Osugi* (56 Seiten). Darauf folgen zwei kürzere Zusammenfassungen über die Polyvinylidenchloridfaser von *E. D. Serdynsky* (23 Seiten) und über die Polyvinylchloridfaser von *L. Cord* (26 Seiten).

In dem Abschnitt über lineare Polyolefine werden von *V. L. Erlich* und *E. M. Honeycutt* vorwiegend die Eigenschaften der Polyäthylen- und Polypropylenfasern behandelt (41 Seiten).

Kurz gefaßte interessante Artikel befassen sich mit den Spezialfasern wie Spandex (24 Seiten), textile Glasfasern (*R. F. Caroselli*, 29 Seiten), Cellometall, Lurex u. a. (*W. Ernst*, 14 Seiten), wobei ebenfalls die Eigenschaften bzw. die Anwendung im Vordergrund stehen.

Ein hinsichtlich der Anwendung mehr in die Zukunft weisendes Kapitel stellt der Bericht von *K. A. Andrianov*, *V. V. Koršak* und *A. A. Zhdanov* über die elementorganischen faserbildenden Polymeren dar (26 Seiten). Es werden vor allem die Si-, P- und B-haltigen Verbindungen besprochen.

Sehr knapp, und nur die prinzipielle Problematik aufzeigend, sind die Artikel von *E. J. Valko* über die Veredlung und Ausrüstung (32 Seiten) sowie über das Färben (36 Seiten) gehalten.

Das letzte Kapitel über Faserprüfung von *R. W. Singleton* (61 Seiten) bringt durch Abbildungen veranschaulichte experimentelle Betrachtungen und durch Diagramme belegte Beispiele zur Kraft-Dehnungsmessung, Bestimmung der Steifheit und des Erholungsvermögens in Abhängigkeit von der Temperatur und Auswertungen für die Übergangstemperatur, elastischen Eigenschaften und Relaxationsphänomene.

Was bereits in den Besprechungen zu Vol. I und Vol. II allgemein gesagt wurde [1, 2], gilt in vollem Umfange auch für Vol. III. Das Buch bietet vor allem dem Praktiker einen wertvollen Überblick, der durch zahlreiche Diagramme, Abbildungen und Produktionsschemata sowie 148 Tabellen erleichtert wird. Zur Vertiefung in spezielle Fragen dienen 1308 Literaturangaben.

[1] vgl. Faserforsch. u. Textiltechnik **19** (1968) 11, S. 537 bis 538 (V. Gröbe).

[2] vgl. Faserforsch. u. Textiltechnik **20** (1969) 1, S. 53–54 (H. H. Schmiedeknecht).

H. Reichert

Patentschau

Auszug aus der Lieferung 7/8/1969 der Patentschau „Faserstoffe und Textiltechnik", Ausgabe A: Faserstoffe einschl. Kunststoffe und organ. Grundsubstanzen, zusammengestellt von der Abteilung Wissenschaftliches Berichtswesen des Instituts für Faserstoff-Forschung der DAW, 153 Teltow-Seehof, Kantstr. 55

Die Patentschau ist nach der deutschen Patentklasseneinteilung gegliedert. Es bedeuten: DDP = DDR-Patent; DBP = Deutsches Bundespatent; DAS = (West)-Deutsche Auslegeschrift; OeP = Österreichisches Patent; PoP = Polnisches Patent; SzP = Schweizer Patent; FrP = Französisches Patent; GBP = Britisches Patent; JaP = Japanisches Patent; SvP = Schwedisches Patent; SUP = Sowjetisches Patent; ČSP = Tschechoslowakisches Patent; USP = Amerikanisches Patent; — A = Anmeldedatum, B = Tag der Ausgabe der Patent- bzw. Auslegeschrift.

Klasse 12o, 6. Synthetische Derivate der Kohlenhydrate u. dgl., z. B. Celluloseester, auch Viscose

GBP 1139616. Verfahren zur Herstellung von gebleichtem und gereinigtem Celluloseacetat. Inh.: Teijin Ltd. A. 17. 4. 67, B. 8. 1. 69. Kl.: C 3.A. Int. Kl.: C 08b 3/22. A.-Z.: 17548/67.

Klasse 12o, 14. Aromatische Carbonsäuren und Harzsäuren (teilweise)

ČSP 130531. Verfahren zur Herstellung von Bis-(2-hydroxyäthyl)terephthalat. Erf.: *František, Mareš Přemysl Šilhavý, Jaroslav Málek* u. *Vladimír Bažant.* A. 4. 3. 65, B. 15. 6. 68. Kl.: 12o, 14. Int. Kl.: C 07c. A.-Z.: 1466/65.

Klasse 12p, 5. Stickstoffringe der heterocyclischen Reihe mit einem Stickstoffatom. Sonstige Ringe mit einem Stickstoffatom . . .; Lactame (teilweise)

FrP 1555450. Verfahren zur Herstellung von ε-Caprolactam. Inh.: Solvan et Cie. A. 13. 3. 68, B. 24. 1. 69. Int. Kl.: C 07d. A.-Z.: 143628. Prior.: 16. 3. 67 (Be; A.-Z.: 41087)

Klasse 29a. Mechanische Gewinnung von Gespinstfasern

FrP 1554590 (Aj.). Verfahren zur Herstellung von geformten Gegenständen aus Faseragglomeraten oder organischen Stoffteilchen, insbesondere aus Bagasseteilchen oder -fasern. Inh.: Furnier- und Sperrholzwerk J. F.

Werz jr. KG. A. 28. 5. 66, B. 24. 1. 69. Int. Kl.: B 29j u. D 01b. A.-Z.: 8625.

PoP 56635. Verfahren zur Verarbeitung von Faserstroh zu einem kontinuierlichen Bastband oder Fasern sowie eine Anlage für die Anwendung dieses Verfahrens. Erf.: *Wlodzimierz Müller Czarnek, Wladyslaw Rynduch* u. *Zdzislaw Probulski*. Inh.: Instytut Przemyslu Włókien Łykowych, Poznań (Po). A. 8. 1. 66. Kl.: 29a, 2/03.

FrP 1556071. Verfahren zur Herstellung eines Einzelfadens großer Festigkeit mit ausgerichteten Fibrillen und nach dem Verfahren erhaltene Einzelfäden. Inh.: General Technologies Corp. A. 4. 3. 68, B. 31. 1. 69. Int. Kl.: D 01d, D 01f u. D 02g. A.-Z.: 142203.

FrP 1554209. Verfahren zur Herstellung von Faserstoffen aus natürlicher oder synthetischer Raphia und Vorrichtung zur Durchführung des Verfahrens. Inh.: Paular Empresa para la Industria Quimica S. A. A. 1. 2. 68, B. 17. 1. 69. Int. Kl.: D 01d u. D 01b. A.-Z.: 49604, Rhône. Prior.: 22. 3. 67 (Sp; A.-Z.: 338381).

FrP 1550134. Vorrichtung zum Erspinnen von Fäden mit mehreren Komponenten. Inh.: VEB Chemiefaserwerk Schwarza „Wilhlem Pieck". A. 25. 7. 67, B. 20. 12. 68. Int. Kl.: D 01d. A.-Z.: 115592.

FrP 1553885. Verfahren zur Herstellung eines zusammengesetzten Fadens mit lokalen Ungleichmäßigkeiten. Erf.: *G. Cerutti, G. Faraci* u. *F. Tovaglieri*. Inh.: Bemberg S. p. A. A. 23. 11. 67, B. 17. 1. 69. Int. Kl.: D 02g u. D 02j. A.-Z.: 129337. Prior.: 24. 11. 66 u. 31. 5. 67 (It; A.-Z.: 30338 A/66 u. 16739 A/67). Entspr. SzP 460239.

GBP 1136079 Zus. z. Pat. 1089799. Kräuselbare Bikomponentenfäden. Inh.: Courtaulds Ltd. A. 5. 4. 65, B. 11. 12. 68. Kl.: B 5.B. Int. Kl.: D 01f 7/02, 7/04 u. 7/06. A.-Z.: 14279/65.

GBP 1140068. Verfahren und Vorrichtung zur Herstellung von mehrschichtigen Gegenständen. Inh.: Dow Chemical Co. A. 21. 1. 66, B. 15. 1. 69. Kl.: B 5.B. Int. Kl.: B 29d 7/02. A.-Z.: 2932/66.

JaP 25931/68. Verfahren zum Mischspinnen. Inh.: Toyo Rayon Co. Ltd. A. 10. 8. 66, B. 8. 11. 68. Kl.: 42A. A-Z.: 52088/66.

JaP 25942/68. Besondere Fäden. Inh.: Toyo Rayon Co. Ltd. A. 15. 4. 66, B. 8. 11. 68. Kl.: 42D. A.-Z.: 23499/66.

GBP 1135615. Verfahren zur kontinuierlichen Herstellung von verstreckten Polyamidfäden. Inh.: Toyo Rayon K. K. A. 25. 2. 66, B. 4. 12. 68. Kl.: B 5.B. Int. Kl.: D 01f 7/06. A.-Z.: 8521/66. Prior.: 2. 3. 65 (Ja; A.-Z.: 11592). Entspr. FrP 1471302.

GBP 1136860. Öfen zum Erhitzen von thermoplastischen Fäden. Inh.: Spinner Osakeyhtiö. A. 24. 10. 67, B. 18. 12. 68. Kl.: B 5.B. Int. Kl.: D 01d 9/08. A.-Z.: 48265/67.

JaP 25935/68. Verfahren zum Strecken und Aufwickeln synthetischer Fäden. Inh.: Kanegafuchi Spinning Co. Ltd. A. 13. 12. 65, B. 8. 11. 68. Kl.: 42A. A.-Z.: 76838/65.

JaP 26358/68. Glänzende Fäden. Inh.: Toyo Rayon Co. Ltd. A. 1. 2. 65, B. 12. 11. 68. Kl.: 42G. A.-Z.: 5088/65.

GBP 1135400. Spinndüsenanordnung für das Schmelzspinnen. Inh.: Onderzoekingsinstituut Research N. V. A. 16. 12. 65, B. 4. 12. 68. Kl.: B 5.B. Int. Kl.: D 01d 3/00. A.-Z.: 53496/65. Prior.: 18. 12. 64 (Nd; A.-Z.: 6414782). Entspr. SzP 456027 u. FrP 1458898.

JaP 25929/68. Spinndüse für gerippte konjugierte Faserstoffe. Inh.: Mitsubishi Rayon Co. Ltd. A. 18. 11. 63, B. 8. 11. 68. Kl.: 42A. A.-Z.: 3089/67.

JaP 26327/68. Spinndüse. Inh.: Toyo Spinning Co. Ltd. A. 8. 6. 65, B. 12. 11. 68. Kl.: 42A. A.-Z.: 34290/65.

GBP 1134991. Verfahren und Vorrichtung zum Aufspulen schmelzgesponnener Fäden. Inh.: E. I. du Pont de Nemours & Co. A. 8. 2. 67, B. 27. 11. 68. Kl.: B 5.B. Int. Kl.: D 01d 11/00. A.-Z.: 6064/67. Prior.: 8. 2. 66 (Ca; A.-Z.: 951780).

ČSP 129828. Einrichtung zum Verstrecken von Fasererzeugnissen. Erf.: *Alexej Letenay*. A. 10. 6. 66, B. 15. 5. 68. Kl.: 29a, 6/15. Int. Kl.: D 01d. A.-Z.: 3928/66.

ČSP 129805. Filter zum Filtrieren von Flüssigkeiten, Lösungen oder Schmelzen bei der Fadenherstellung. Erf.: *Milan Lipták* u. *Dominik Lednický*. A. 16. 3. 66, B. 15. 5. 68.

JaP 25930/68. Schmelzspinnverfahren. Inh.: Toyo Rayon Co. Ltd. A. 20. 12. 65, B. 8. 11. 68. Kl.: 42A. A.-Z.: 78197/65.

JaP 26344/68. Synthetische Fäden mit potentieller Bauscheigenschaft. Inh.: Toyo Rayon Co. Ltd. A. 15. 2. 65, B. 12. 11. 68. Kl.: 42D. A.-Z.: 8212/65.

Klasse 29b. Chemische Gewinnung bzw. Herstellung von Spinnfasern und Fäden sowie ihre Präparation für die textile Weiterverarbeitung

ČSP 129806. Vorrichtung zur kontinuierlichen Aufbereitung von Flüssigkeiten, Lösungen oder Schmelzen, wie sie das Filtrieren und ähnl. darstellt, besonders bei der Herstellung von Fäden. Erf.: *Milan Lipták, Dominik Lednický* u. *Jan Kubaský*. A. 16. 3. 66, B. 15. 5. 68. Kl.: 29a, 6/30. Int. Kl.: D 01d. A.-Z.: 1757/66.

JaP 25957/68. Herstellung von Splitfäden. Inh.: Taniyama Kagaku Kogyo Co. Ltd. A. 16. 7. 66, B. 8. 11. 68. Kl.: 42G. A.-Z.: 46741/66.

JaP 26338/68. Verbesserte Viskoseseide. Inh.: Omi Kenshi Spinning Co. Ltd. A. 24. 2. 68, B. 12. 11. 68. Kl.: 42B. A.-Z.: 1080/66.

JaP 26341/68. Regeneratcellulose. Fuji Spinning Co. Ltd. A. 27. 3. 65, B. 12. 11. 68. Kl.: 42B. A.-Z.: 17440/65.

JaP 25941/68. Konjugierte Acetatfaserstoffe. Inh.: Teijin Co. Ltd. A. 8.2.66, B. 8. 11. 68. Kl.: 42C. A.-Z.: 7320/66.

GBP 1135986. Verfahren zur Herstellung kräuselbarer, zusammengesetzter Fäden. Inh.: Kanegafuchi Boseki K. K. A. 20. 10. 66, B. 11. 12. 68. Kl.: B 5.B. Int. Kl.: D 01f 7/04. A.-Z.: 47051/66. Prior.: 20. 10. 65 u 29. 10. 65 (Ja; A.-Z.: 64608 u. 66608. A.-Z.: 64608: JaP 1786/68). Entspr. FrP 1497147.

JaP 25945/68. Kräuselbare konjugierte Faserstoffe. Inh.: Toyo Spinning Co. Ltd. A. 16. 4. 66. B. 8. 11. 68. Kl.: 42D. A.-Z.: 24030/68.

GBP 1135655. Polyolefinkompositionen. Inh.: Toyo Boseki K. K.; u. Sumitomo Chemical Co. Ltd. A. 6. 7. 66, B. 4. 12. 68. Kl.: C 3.P. Int. Kl.: C 08f 29/12. A.-Z.: 30420/66. Prior.: 8. 7. 65 (Ja; A.-Z.: 40955, JaP 23766/68). Entspr. FrP 1486144 u. USP 3405200.

JaP 26349/68. Polyvinylalkohol-Fäden. Inh.: Kurashiki Rayon Co. Ltd. A. 30. 4. 65, B. 12. 11. 68. Kl.: 42D. A.-Z.: 25555/65.

JaP 26353/68. Naßspinnen von Acrylnitrilpolymerlösungen mit hoher Geschwindigkeit. Inh.: Toyo Rayon Co. Ltd. A. 17. 4. 65, B. 12. 1. 68. Kl.: 42D. A.-Z.: 22662/65.

PoP 56570. Verfahren zur chemischen Bearbeitung von Polyvinylalkoholfäden. Erf.: *Bohdan Dawidowicz* u. *Teresa Kapecka*. Inh.: Isntytut Włókien Sztucznych i Syntetycznych, Łódź (Po). A. 18. 11. 65, Kl.: 29b, 3/65.

PoP 56742. Verfahren zur Verhütung der Gelbfärbung von Polyvinylalkoholfäden während der thermischen Bearbeitung. Erf.: *Jerzy Cypryk*. Inh.: Instytut Włókien Sztucznych i Syntetiycznych, Łódź (Po). A. 27. 11. 65. Kl.: 29b, 3/65.

GBP 1139865. Verfahren zur Herstellung von hochschrumpfenden Polyesterfaserstoffen. Inh.: Institut für Textiltechnologie der Chemiefasern. A. 8. 3. 67, B. 15. 1. 69. Kl.: B 5.B. Int. Kl.: D 01f 7/06. A.-Z.: 10954/67.

JaP 26355/68. Verstrecken von Polyacrylnitrilfäden. Inh.: Monsanto Co. A. 26. 6. 65, B. 12. 11. 68. Kl.: 42D. A.-Z.: 37903/65.

PoP 56662. Verfahren zur Herstellung gekerbter Polyvinylalkoholfäden. Erf.: *Teresa Kapecka* u. *Jerzy Cypryk*. Inh.: Instytut Włókien Sztucznych i Syntetycznych, Łódź (Po). A. 25. 11. 65. Kl.: 29b, 5/04.

Klasse 32a, 37/00. Herstellung von Fasern oder Fäden aus flüssigem Glas, flüssigen Mineralien oder flüssiger Schlacke

DDP 65008. Elektrische Schmelzeinrichtung zur Herstellung anorganischer Fasern, insbesondere aus Glas. Erf. u. Inh.: *Günter Baumann, Klaus Böhm, Emil Kienel, Werner Linß, Helmut Voß, Otto Knye-Belle, Friedrich Garten* u. *Erich Richter*. A. 8. 12. 67, B. 20. 12. 68. Kl.: 32a, 37/00. A.-Z.: WP 32a/128811.

SvP 218446. Verfahren zur Herstellung von Mineralwolle, Glaswolle, Glas usw. aus nichtleitendem Mineral, wie Diabas. Erf.: *M. Rydinger*. Inh.: Allmänna Svenska Elektriska AB, Västeras. A. 2. 12. 65, B. 23. 1. 68. Kl.: 32a, 37/00.

SvP 218596. Verfahren und Vorrichtung zum Schmelzen des Rohmaterials in Form von Glaskugeln bestimmter Größe bei der Glasfadenherstellung. Erf.: *D. Labino*. Inh.: Johns-Manville Corp., New York, N. Y. (US). A. 11. 3. 60, B. 30. 1. 68. Kl.: 32a, 37/00.

ČSP 130540. Schmelzofen zur Herstellung von Mineralfasern. Erf.: *Ivo Wohlrab, Robert Egert, Josef Langr* u. *Jaroslav Borkovec*. A. 4. 10. 66, B. 15. 2. 68. Kl.: 32a, 37/00. Int. Kl.: C 03b. A.-Z.: 6328/66.

Klasse 39b. Verarbeiten von plastischen Massen, Kautschuk und hornartigen Stoffen, soweit nicht anderweitig vorgesehen (chemischer Teil), auch von Brems- und Schleifmassen sowie thermischen und akustischen Isoliermassen (teilweise)

GBP 1137133. Verfahren zum Längskomprimieren von Fäden und Herstellung eines Gegenstandes, z. B. eines Luftreifens. Inh.: Dunlop Co. Ltd. A. 10. 2. 65, B. 18. 12. 68. Kl.: B 5.N. Int. Kl.: B 32b 5/04. A.-Z.: 5692/65.

GBP 1136229. Stabilisatoren. Inh.: Sankyo Co. Ltd.; u. Asahi Kasei Kogyo K. K. A. 29. 9. 66, B. 11. 12. 68. Kl.: B 1.X. Int. Kl.: B 01j 1/16. A.-Z.: 43592/66. Prior.: 29. 9. 65 (Ja; A.-Z.: 59629).

GBP 1135437. Polyamide. Inh.: Imperial Chemical Industries Ltd. A. 3. 3. 66, B. 4. 12. 68. Kl.: C 3.R. Int. Kl.: C 08g 19/00. A.-Z.: 9337/66.

JaP 25825/68. Weichmacher/Stabilisator. Inh.: Asahi Electro Chem. Co. Ltd. A. 29. 1. 65, B. 7. 11. 68. A.-Z.: 4856/65.

JaP 25826/68. Stabilisatoren für chlorhaltige (Co)Polymere. Inh.: Takeda Chem. Ind. Co. Ltd. A. 30. 1. 65, B. 7. 11. 68. A.-Z.: 5191/65.

SvP 218824. Stabilisierte Polymerkomposition aus kristallinem Polypropylen und einem Maleinsäureester sowie Verfahren zur Herstellung der Komposition. Erf.: *A. Bonvicini*. Inh.: Montecatini Soc. Gen. per l'Industria Mineraria e Chimica, Mailand (It). A. 20. 12. 61, B. 13. 2. 68. Kl.: 39b, 22/06. Prior.: 21. 12. 60 (It; A.-Z.: 21921). Entspr. USP 3240750.

Klasse 39c. Herstellen von Kunstharzen

GBP 1140834. Polyesterkompositionen. Inh.: Eastman Kodak Co. A. 9. 2. 66, B. 22. 1. 69. Kl.: C 3.R. Int. Kl.: C 08g 39/02 u. 51/00. A.-Z.: 5578/66.

FrP 92852 Zus. z. Pat. 1536923 (Aj.). Polyhydantoine und ihr Herstellungsverfahren. Inh.: Institut Français du Petrole, des Carburants et Lubrifiants. A. 1. 12. 65, B. 10. 1. 69. Int. Kl.: C 08g 33/00. A.-Z.: 40538.

GBP 1139510. Herstellung von Polyurethanen. Inh.: Imperial Chemical Industries Ltd. A. 9. 8. 65, B. 8. 1. 69. Kl.: C 3.R. Int. Kl.: C 08g 21/02. A.-Z.: 34009/65.

GBP 1140724 Zus. z. Pat. 983916. Herstellung von polymeren Materialien. Inh.: Imperial Chemical Industries Ltd. A. 19. 5. 65, B. 22. 1. 69. Kl.: C 3.R. Int. Kl.: C 08g 23/00. A.-Z.: 21221/65.

DDP 65028. Verfahren und Vorrichtung zum Kondensieren von Kaprolaktam und dessen Oligomeren. Erf. u. Inh.: *Siegfried Kieslich*, Dresden, *Eberhard Rönsch*, Dresden, *Gottfried Heintz*, Dresden, u. *Günter Bauereiß*, Dresden. A. 10. 6. 67, B. 20. 12. 68. Kl.: 39c, 10. A.-Z.: 39c/125223.

FrP 1553691 (Aj.). Thermostabile Polymere: o-substituierte Polyamide und ihre Kondensationsprodukte. Erf.: *G. Rabilloud, B. Sillion* u. *G. de Gaudemaris*. Inh.: Institut Français du Petrole, des Carburants et Lubrifiants. A. 7. 3. 67, B. 17. 1. 69. Int. Kl.: C 08g 20/00. A.-Z.: 97 830

GBP 1134 692. Viskositätsstabillisatoren für Kondensationspolymere. Inh.: Courtaulds Ltd. A. 1. 3. 65, B. 27. 11. 58. Kl.: C 3.R. Int. Kl.: C 08g 17/14 u. 19/00. A.-Z.: 10 322/65.

GBP 1139219. Verfahren und Vorrichtung zur kontinuierlichen Polymerisation bzw. Polykondensation von Monomeren. Inh.: Karl Fischer Apparate- und Rohrleitungsbau; u. Chatillon S. A. Italiana per le Fibre Te Artificiali S. p. A. A. 14. 1. 66, B. 8. 1. 69. Kl.: B 1.X. Int. Kl.: C 08f 1/98.A.-Z.:1 944/66.Prior.: 15. 1. 65 (It;A.-Z.: 814). Entspr. FrP 1461114.

GBP 1135462. Aromatische Polyamide. Inh.: Imperial Chemical Industries Ltd. A. 21. 5. 65, B. 4. 12. 68. Kl.: C 3.R. Int. Kl.: C 08g 19/00. A.-Z.: 19751/66 (ausgesch. aus GBP 1128807). Entspr. FrP 1480706.

GBP 1137086. Di- und Polyimide. Inh.: American Cyanamid Co. A. 8. 3. 66, B. 18. 12. 68. Kl.: C 2.C. Int. Kl.: C 07d 27/10. A.-Z.: 10199/66.

GBP 1140463. Blockpolyesterpolyamide. Inh.: Imperial Chemical Industries Ltd. A. 2. 7. 65, B. 22. 1. 69. Kl.: C3.R. Int. Kl.: C 08g 19/00. A.-Z.: 28133/65 (ausgesch. aus Anm. m. A.-Z. 21414). Entspr. FrP 1485341.

JaP 26308/68. Polyamidpolyäther. Inh.: Toyo Rayon Co. Ltd. A. 8. 4. 65, B. 12. 11. 68. A.-Z.: 5717/64,

JaP 25984/68. Hochmolekulare hitzebeständige Polyamide. Inh.: Toyo Rayon Co. Ltd. A. 5. 2. 64, B. 8. 11. 68. A.-Z.: 5717/64.

OeP 271019. Verfahren zum Polymerisieren von β-Lactonen. Inh.: Shell Internationale Research Maatschappij N. V., Den Haag, A. 21. 6. 67, B. 15. 8. 68. Kl.: 39b, 22. A.-Z.: 5795/67. Prior.: 23. 6. 66 (Nd).

GBP 1139412. Polyester/Polycarbonat-Blockcopolymere. Inh.: ICI Fibres Ltd. A. 3. 8. 65, B. 8. 1. 69. Kl.: C 3.R. Int. Kl.: C 08g 17/08. A.-Z.: 4636/65.

ČSP 129865. Verfahren zur abbauenden Modifizierung von faserbildenden Polyestern. Erf.: *Vladimír Lacko, Gabriela Kaduková* u. *Ivo Ružei*. A. 28. 9. 66, B. 15. 5. 68. Kl.: 39c, 16. Int. Kl.: C 08g. A.-Z.: 6192/66.

ČSP 130026. Vorrichtung zur Durchführung von Esterifizierungs- und Umesterifizierungsreaktionen. Erf.: *Jiří Blazek* u. *František Komárek*. A 17. 7. 67, B. 15. 5. 68. Kl.: 12g, 1/01 (39c, 16). Int. Kl.: B 01j u. C 08g A.-Z.: 5230/67

DDP 65029. Verfahren zur Herstellung von Kunststoffen. Erf. u. Inh.: *Theodor Waag*, Wolfen b. Bitterfeld. A. 11. 9. 67, B. 20. 12. 68. Kl.: 39c, 18. A.-Z.: WP 39c/127116.

JaP 25513/68. Polymerisation von Trioxan. Inh.: Toyo Rayon Co. Ltd A. 18. 6. 63, B. 4. 11. 68.

JaP 25991/68. Kontinuierliche Trioxanpolymerisation. Inh.: Mitsubishi Rayon Co. A. 25. 3. 64, B. 8. 11. 68. A.-Z.: 16154/64.

GBP 1140207. Polyoxymethylencopolymere. Inh.: Montecatini Soc. Gen. per l'Industria Mineraria e Chimica. A. 4. 7. 66, B. 15. 1. 69. Kl.: C 3.P. Int. Kl.: C 08g 13/00. A.-Z.: 29989/66. Prior.: 8. 7. 65 (It; A.-Z.: 15269). Entspr. FrP 1485289.

DDP 65317. Verfahren zur Substanzpolymerisation von Vinylchlorid oder überwiegend Vinylchlorid enthaltenden Monomergemischen. Erf. u. Inh.: *Gottfried Heintz* u. *Klaus Aurich*, Dresden. A. 23. 6. 67, B. 20. 1. 69. Kl.: 39c, 25/01. A.-Z.: WP 39c/125504.

OeP 271009. Verfahren zur Polymerisation von Vinylchlorid. Inh.: Solvay & Cie., Brüssel. A. 26. 9. 66, B. 15. 8. 68. Kl.: 39b, 14. A.-Z.: 9025/66 Prior.: 30. 9. 65 (Be).

FrP 92937 Zus. z. Pat. 1423693. Verfahren zur Polymerisation von α-Olefinen. Erf.: *P. Saccardo*, *M. Galastri* u. *J. Herzenberg*. Inh.: Montecatini Edison S. p. A. A. 13. 9. 67, B. 17. 1. 69. Int. Kl.: C 08f. A.-Z.: 120842. Prior.: 14. 9. 66 (It; A.-Z.: 21079/66). Entspr. GBP 1128590.

GBP 1134885. Verfahren zur Polymerisation von Acrylnitril. Inh.: Rumanian Minister of Chemical Industry. A. 3. 12. 65, B. 27. 11. 68. Kl.: C 3.P. Int. Kl.: C 08f 3/76. A.-Z.: 51468/65. Prior.: 17. 12. 64 (Ru; A.-Z.: 48933). Entspr. FrP 1469525.

GBP 1139450. Verfahren zur Herstellung einer katalysatorbildenden Komponente, die für die Polymerisation von α-Olefinen zu Pulvern mit verbesserten Eigenschaften verwendet werden kann. Inh.: Shell Internationale Research Maatschappij N. V. A. 27. 12. 67, B. 8. 1. 69. Kl.: C 3.P. Int. Kl.: C 08f 1/36. A.-Z.: 58661/67.

JaP 25980/68. Cokatalysator zur Vinylchlorid(co)polymerisation. Inh.: Kureha Chem. Ind. Co. Ltd. A. 29. 1. 64, B. 8. 11. 68. A.-Z.: 4157/64. Entspr. DAS 1249525, FrP 1119537 u. GBP 1099391.

JaP 26301/68. Äthylen/Styrol-Copolymere. Inh.: Kurashiki Rayon Co. Ltd. A. 31. 5. 65, B. 12. 11. 68. A.-Z.: 31694/65.

JaP 26307/68. Polymerisation von Vinylchlorid und einer Olefinverbindung in wäßrigem Medium. Inh.: Toyo Koatsu Ind. Ltd. A. 27. 4. 65, B. 12. 11. 68. A.-Z.: 24473/65.

SvP 218464. Polymeres Produkt aus α-Olefinen. evtl. zusammen mit geringen Mengen Äthylen sowie Verfahren zur Herstellung eines solchen polymeren Produktes. Erf: *G. Natta*, *K. Ziegler*, *H. Martin*, *G. Mazzanti* u. *P. Pino*. Inh.: Montecatini Soc. Gen. per l'Industria Mineraria e Chimica, Mailand (It). A. 8. 5. 55, B. 23. 1. 68. Kl.: 39c, 25/01. Prior.: 8. 6. 54, u. 27. 7. 54 (It; A.-Z.: 24227 u. 25109) u. 3. 8. 54 (DB; A.-Z. Z 4348, DAS 1257430). Entspr. USP 3231515, USP 3392162. Vgl. auch SvP 218261.

SvP 219080. Verfahren zur Polymerisation von Propylen, Butylen-1 oder Styrol mit Katalysatoren, die aus einer Mischung einer Alkylaluminiumverbindung und einem Reaktionsprodukt, das Titan – ganz oder im wesentlichen – in Form von Titantrichlorid enthält, bestehen. Erf.: *H. de Vries*, *J. P. Schumacher* u. *J. C. Soeterbroek*. Inh.: Stamicarbon N. V., Heerlen (Nd). A. 3. 2. 59, B. 20. 2. 68. Kl.: 39c, 25/01. Prior.: 6. 2. 58 u. 20. 10. 58 (Nd; A.-Z.: 224708 u. 232432), Entspr. DAS 1177346 u. SzP 407554.

SvP 218832. Verfahren zum Reinigen von Polypropylen. Erf.: *A. Bonivicini* u. *C. Caldv*. Inh.: Montecatini Soc. Gen. per l'Industria Mineraria e Chimica, Mailand (It). A. 6. 4. 61, B. 13. 2. 68. Kl.: 39c, 25/01. Prior.: 11. 4. 60 (It; A.-Z.: 6412).

SvP 219275. Verfahren zur Photopolymerisation von Acrylnitril in wäßrigen Zinkchloridlösungen. Erf. u. Inh.: *M. Taniyama*, Takabo-kawa-no-kami, *M. Hatano*, Kita-jima-Machi u. *M. Yoshida*, Itano-gun (Ja). A. 13. 7. 61. B. 27. 2. 68. Kl.: 39c, 25/01. Prior.: 16. 7. 60 (Ja; A.-Z.: 31260). Entspr. DAS 1 247025 u. GBP 947728.

ČSP 130 062 Verfahren zur Herstellung neuer, im Prinzip amorpher hochmolekularer Copolymerer. Erf.: *Giulio Natta*, *Gino Dall'Asta*, *Giorgio Mazanti*, *Italo Pasquon*, *Alberto Valvassori* u. *Adolfo Zambeoli*. A. 22. 5. 63, B. 15. 5. 68. Kl.: 39c, 25/01. Int. Kl.: C 08f. A.-Z.: 2942/63. Prior.: 23. 5. 62 (It)

ČSP 129926. Verfahren zur Herstellung von niedermolekularen Epoxidverbindungen. Erf.: *Ivo Wiesner*, *Ladislav Kredenc*, *Václav Bruthans* u. *Jiří Novák*. A. 20. 2. 67, B. 15. 5. 68. Kl.: 39c, 30. Int. Kl.: C 08g. A.-Z.: 1209/67.

Klasse 42k, 50. Textilprüfung, Verfahren, Vorrichtungen und Maschinen zum Prüfen von Fasern, Fäden, Garnen, Geweben auf ihre mechanischen und Festigkeitseigenschaften, auf Spannungen, mechanische Unregelmäßigkeiten. Drall (Drehung), Porosität

DDP 65330. Vorrichtung zur Mehrfadenreißprüfung zwecks Feststellung der Reißkraft und Reißdehnung insbesondere an Prüfgeräten zur Einzelfadenprüfung. Erf. u. Inh.: *Hans-Joachim Rechtenbach* u. *Ehrenfried Knobloch*, Wilhelm-Pieck-Stadt Guben. A. 7. 7. 67, B. 20. 1. 69. Kl.: 42k, 50. A.-Z.: WP 42k/125851.

ČSP 130402. Gerät zur Ermittlung der Lage von Einzelfasern in Garnen. Erf.: *Alois Stejskal*. A. 19. 4. 67, B. 15. 6. 68. Kl.: 42k, 50. Int. Kl.: G 01n. A.-Z.: 2847/67.

ČSP 130419. Wanne eines Prüfgerätes zur optischen Untersuchung von Garnen und ähnlichen Textilelementen in einer Immersionsflüssigkeit mit Hilfe zweier zueinander senkrechten Lichtstraalbündeln. Erf.: *Alois Stejskal*. A. 18. 5. 67, B. 15. 6. 68. Kl.: 42k, 50. Int. Kl.: G 01n A.-Z.: 3582/67.

ČSP 130597. Gerät zur Messung des komplexen dynamischen Moduls von Fasern, Garnen und ähnlichen Materialien. Erf.: *Alois Stejskal*. A. 1. 12. 67, B. 15. 6. 68. Kl.: 42k, 50. Int. Kl.: G 01l. A.-Z.: 8510/67.

Klasse 47k. Allgemein anwendbare Verfahren und Vorrichtungen zum Bewegen, Führen und Speichern, z. B. Wickeln von faden-, draht-, seil-, kabel-, schlauch-, band- oder bahnförmigem Gut (teilweise)

DAS 1262717. Spindel für Spulen. Erf.: *Cesare Mangeli* u. *Calepio Bergamo*. Anm.: Pratelli Marzoli & C. S. p. A., Brescia (It). A. 15. 4. 66, B. 7. 3. 68. Kl.: 47k, 5/10. A.-Z.: F 48944 IXc/47k. Prior.: 6. 8. 65 (It; A.-Z.: 7865).

Klasse 55b. Verfahren zur Herstellung von Zellstoff, Zellstoffkocher, Wiedergewinnung der Ablaugen und Abgase

SvP 218040. Luftschieberventil zum Verschließen von Druck- oder Vakuumkesseln. Erf.: *T. N. Apler*. Inh.: Aktiebolaget Arboga Armaturfabrik, Arboga. A. 24. 4. 62, B. 2. 1. 68. Kl.: 55b, 2/01.

JaP 25020/68. Behandlung von Niederschlag in Abwasser aus Viskosereyon-Fabriken. Inh.: Kurashiki Rayon Co. Ltd. A. 29. 10. 68, B. 29. 10. 68. Kl.: 14J. A.-Z.: 3703/64.

SvP 218041. Verfahren zum Abtreiben von Schwefelwasserstoff aus Alkalisulfid enthaltenden Lösungen mit Rauchgas. Erf.: *E. Venemark*. Inh.: Mo och Demsjö AB, Örnsköldsvik. A. 17. 12. 62, B. 2. 1. 68. Kl.: 55b, 3/01.

SvP 218042. Verfahren zur Behandlung von Ablauge. Erf.: *G. G. Kopeland* u. *J. E. Hanway jr.* Inh.: Container Corp. of America, Chicago, Ill. (US). A. 6. 12. 63, B. 2. 1. 68. Kl.: 55b, 3/01.

SvP 218133. Verfahren zur Wärmerückgewinnung von Blasdampf beim Zellstoffkocher. Erf.: *C. M. A. Hernelin*. Inh.: Aktiebolaget Axero, Stockholm. A. 27. 4. 65, B. 9. 1. 68. Kl.: 55b, 3/01.

SvP 218643. Aus flüssigkeitsdurchströmenden Rohren bestehende Rinne zum Ableiten der Schmelze aus Schmelzöfen. Erf.: *K. J. S. Ryden*. Inh.: Aktiebolaget Götaverken Göteborg. A. 23. 11. 63, B. 30. 1. 68. Kl.: 55b, 3/01.

SvP 218 891. Verfahren zur Rückgewinnung von Chemikalien aus Ablauge von der Zellstoffherstellung. Erf.: *N. K. G. Ahlborg*. Inh.: Stora Kopparbergs Bergslags AB, Fallun A. 7. 2. 64, B. 13. 2. 68. Kl.: 55b, 3/10.

ČSP 130164. Vferfahren zur Herstellung von Kochsäure aus Chemikalien, die aus neutralen Sulfit- oder Natriumbisulfit-Abfallaugen regeneriert wurden. Erf. : *Václav Kubelka* u. *Ján Hojnoš*. A. 28. 11. 63, B. 15. 6. 68. Kl.: 55b, 3/10. Int. Kl. : D 21c. A.-Z.: 6575/63.

SvP 218890. Verfahren und Vorrichtung zum Abbauen von beim Hantieren mit Schwarzlauge aus der Sulfatzellstoffherstellung aufkommenden Schaum. Erf. : *C. A.Bergholm*. Inh.: Svenska Cellulosa AB, Sundsvall. A. 7. 2. 61, B. 13. 2. 68. Kl. :: 55b, 3/20.

SvP 219 135. Verfahren und Vorrichtung zur Umwandlung von Mercaptanen, Natriumsulfid, organischen Sulfiden und anderen übelriechenden Bestandteilen in bei der Zellstoffherstellung erhaltener Schwarzlauge zu geruchsfreien oder nicht übelriechenden Bestandteilen. Erf.: *A. Tirado*. Inh. : Fabricas de Papel Loreto y Pena Pobre, S. A., Mexico (Mexico). A. 25. 11. 64, B. 20. 2. 68. Kl. : 55b, 3/50.

SvP 217 844. Verfahren zum Füllen und Entleeren eines Lagerbehälters für dicke Cellulosemassen sowie für Anwendung des Verfahrens bestimmter Lagerbehälter. Erf. : *J. C. E. C. Richter*. Inh.: Aktiebolaget Kamyr, Karlstad. A. 30. 8. 63, B. 19. 12. 67. Kl. : 55b, 5/10.

Literaturschau

Auszug aus Lieferung 11 und 12/1969 der Referatekartei „Faserstoffe und Textiltechnik", zusammengestellt von der Abteilung Wissenschaftliches Berichtswesen des Instituts für Faserstoff-Forschung der DAW, 153 Teltow-Seehof, Kantstr. 55

I. Wissenschaftliche Grundlagen

Allgemeines

(Untersuchungsmethoden u. a.)

Mikrowellen – neue Anwendungen steigern die Marktnachfrage. Chem. engng. News **47** (1969) 14, S. 20–21.

Runge, K., Zappe, D.: Ein Vergleich zwischen radioaktiver Markierung und Indikator-Aktivierungsanalyse bei der Messung von Verweilzeitspektren. Isotopenpraxis **5** (1969) 3, S. 102–105.

Bly, D. D.: Einige Eigenschaften und Anwendungen einer linearen, halblogarithmischen Eichung in der Gelchromatographie. Analytic. Chem. **41** (1969) 3, S. 477–480.

Weis, G.: Technik und Einsatz der Gaschromatographie auf dem Gebiet der Fette für die Seifenindustrie. Fette, Seifen, Anstrichmittel **71** (1969) 3, S. 226–231.

Physik und Chemie der Hochpolymeren

Lepper, J. K., Hetherington, N. W.: Anwendung von Integralgleichungen auf Daten für die physikalischen Eigenschaften von Polymeren. J. appl. Polymer Sci. **12** (1968) 12, S. 2731–2735.

Schroff, R. N.: Über die Einpunktbestimmung der Viskositätszahl. J. appl. Polymer Sci. **12** (1968) 12, S. 2741–2742.

Daneljan, G. G., Livšic, R. M., Mosina, R. V.: Rheologische Eigenschaften der Lösungen von Pfropfcopolymeren des Polyvinylalkohols mit Polyacrylsäure. Chim. Volokna (Chem. Fasern) (1969) 2, S. 27–29.

Simon, F.: Untersuchung der Verteilung der relativen Molekülmassen von Polyalkylmethacrylaten mittels Adsorptionschromatographie. Acta chim. Acad. Sci. hung. **59** (1969) 1, S. 57–66 (engl.).

Purz, H.-J., Gröbe, A.: Mikroskopische Untersuchungen zur Struktur von Cellulosexanthogenatgelen. Teil II. Gelstrukturen durch zentripetale Diffusion von Elektrolyten. Faserforsch. u. Textiltechnik **20** (1969) 5, S. 219–224 + 1 S. Beilage.

Majer, J.: Bestimmung der Induktionsperiode der Photooxydation von Polypropylen mittels IR-Absorptionsspektroskopie. Chem. Prüm., Praha (Chem. Ind.) **19(44)** (1969) 2, S. 71–73.
Burchard, W.: Einfluß des Ordnungszustandes in Lösung auf Lichtstreuungsmessungen an Polyvinylcarbanilat. Polymer, London **10** (1969) 1, S. 29–41.
Geles, J. S.: Elektronenmikroskopische Untersuchung von Sulfatzellstoff. Bumaž. Prom. (Papier-Ind.) (1969) 4, S. 7–8.
Pugač, B., Lelinkov, O., Perepelkin, K., Uterskij, L.: Bestimmung der Lage der tatsächlichen Orientierungszone bei der Verstreckung von Chemiefaserstoffen. Chim. Volokna (Chem. Fasern) (1969) 2, S. 77.
Schäfer, O., Schönert, H.: Zur Konformationsumwandlung von Polymethacrylsäure in wäßriger Lösung. Ber. Bunsenges. physik. Chemie **73** (1969) 1, S. 94–99.
Heyn, A. N. J.: Die Elementarfibrille und übermolekulare Struktur der Cellulose in Nadelholzfasern. J. Ultrastructure Res. **26** (1969) 1/2, S. 52 bis 68.
Klotz, I. M.: Molekulare Aspekte des Wasserstoff-Deuterium-Austausches bei Makromolekülen. J. colloid interface Sci. **27** (1969) 4, S. 804–817.
Wegener, W., Weber-Bleyle, I.: Röntgenographische Feinstrukturuntersuchungen getemperter und texturierter Multifile aus Polyamid 6. Wirk.- u. Strick-Technik **19** (1969) 4, S. 165–176.
Kuniak, L., Alinče, B., Mašura, V., Alföldi, J.: Änderungen der Feinstruktur von Cellulose während der Oxydation. Svensk Papperstidn. **72** (1969) 7, S. 205–208 (engl.).
Ikeda, M.: Untersuchung des thermischen Verhaltens und der Feinstruktur von Polyäthylenterephthalat. III. Isotherme Kristallisation und Dichte. IV. Theoretische Diskussion des Schmelzverhaltens des Polymeren mit geringer Kristallinität. V. Isotherme Kristallisation und Schmelzverhalten. Kobunshi Kagaku, Tokyo (Chem. High Polymers) **26** (1969) 285, S. 54 bis 61; 62–67; 286, S. 102–110 (jap.; engl. Zusammenfass.).
Fengel, D.: Untersuchungen zur übermolekularen Struktur der Zellwandbestandteile. Teil 2. Veränderungen bei den alkalilöslichen Polysacchariden durch thermische Behandlung des Holzes. Svensk Papperstidn. **72** (1969) 7, S. 209–215 (dt.).
Teichgräber, M., Schilling, B.: Die übermolekulare Struktur hochpolymerer Verbindungen. VII: Röntgendiffraktometrische Bestimmung eines absoluten Kristallinitätsgrades an Polypropylen mittels eines Fourierverfahrens. Faserforsch. u. Textiltechnik **20** (1969) 5, S. 242–248.
Fuchs, O.: Einfluß der Struktur auf die Unverträglichkeit von Polymergemischen in Lösung. Angew. makromol. Chemie **6** (1969) S. 79–88.
Wikjord, A. G., Manley, R. St. J.: Die Morphologie von fibrillaren Polyäthylenkristallen. J. macromol. Sci., B: Physics **2** (1968) 3, S. 501–537.
Michajlov, G. P., Burštejn, L. L., Malinovskaja, V. B.: Untersuchung der Rotationshinderung in Methylacrylat/Styrol- und Methylacrylat/α-Methylstyrol-Copolymeren mit Hilfe von Dipolmomenten. Vysokomol. Soed. (Hochmol. Verbind.) **11 A** (1969) 3, S. 548–552.
Gröbe, V., Gieseke, R.: Vergleich der Struktur und des Farbstoffaufnahmevermögens von Fäden aus Polyacrylnitril und Acrylnitril/Methacrylat-Copolymerisaten. Faserforsch. u. Textiltechnik **20** (1969) 5, S. 231 bis 241.
Hata, N., Tobolsky, A. V., Bondi, A.: Einfluß von Weichmachern auf die viskoselastischen Eigenschaften von Polyvinylchlorid. J. appl. Polymer Sci. **12** (1968) 12, S. 2597–2613.
Reinisch, G., Zimmermann, H., Rafler, G.: Zur gravimetrisch-kinetischen Analyse der Polyäthylenterephthalatbildung im offenen System. Faserforsch. u. Textiltechnik **20** (1969) 5, S. 225–230.
Jeffs, A. R.: Gaschromatographische Analyse von flüchtigen Bestandteilen in Polymeren mit besonderer Berücksichtigung des Wassergehaltes. Analyst **94** (1969) 117, S. 249–258.
Balke, S. T., Hamielec, E., Leclair, P., Pearce, S. L.: Gelchromatographie. Eichkurve für polydisperse Standards. IEC. Ind. engng. Chem./Product Res. Development **8** (1969) 1, S. 54–57.
Krüßmann, H., Valk, G., Heidemann, G., Dugal, S.: Konformationsabhängige Thermooxydation N-vicinaler Methylengruppen in Polyamiden. Angew. Chemie **81** (1969) 6, S. 226–227.
Davtjan, S. P., Iržak, V. I., Rozenberg, B. A., Enikolopjan, N. S.: Zur thermischen Beständigkeit von Copolymeren. Dokl. Akad. Nauk SSSR (Ber. Akad. Wiss. UdSSR) **185** (1969) 6, S. 1309–1311.
Matsui, S., Aida, H.: Wärmebeständigkeit von Maleinsäureanhydrid/Vinylacetat-Copolymerisaten. Kobunshi Kagaku, Tokyo (Chem. High Polymers) **26** (1969) 285, S. 10–16 (jap.; engl. Zusammenfass.).
Braun, D., El Sayed, I. A. Aziz: Über den thermischen Abbau von Polyacrylnitril und Poly-α-chloracrylnitril. Angew. makromol. Chemie **6** (1969) S. 136–143.
Bamford, C. H., Fenton, D. F.: Der thermische Abbau von Polyvinylchlorid. Polymer, London **10** (1969) 1, S. 63–77.
Eršov, Ju. A., Kuzina, S. I., Nejman, M. B.: Mechanismus der Lichtalterung und Lichtstabilisierung von Polymeren. Usp. Chimii (Fortschr. d. Chemie) **38** (1969) 2, S. 289–320.
Lukanoff, T., Philipp, B.: (Schreibw. i. Orig.: *Lukanov, T. A., Filipp, B.*) Zum Mechanismus der Hydrolyse von Cyanäthylcellulose im alkalischen Medium. Ž. prikl. Chimii (Z. angew. Chemie) **42** (1969) 1, S. 170–174.
David, C., Demarteau, W., Geuskens, G.: Photolyse von Polyvinylbenzophenon. Polymer, London **10** (1969) 1, S. 21–27.
Hoburg, R. F., Handler, G. S., Scholz, J. J.: Adsorptionsuntersuchungen an Polystyrol. J. colloid interface Sci. **27** (1968) 4, S. 642–648.
Ninomiya, E., Kizaki, T.: Bakterienpolysaccharide von Bazillus polymyxa Nr. 271. Angew. makromol. Chemie **6** (1969) S. 179–185.
Feldman, D., Rusu, M.: Gegenwärtiger Stand des Problems der Polymerlegierungen. I. Gemische von thermoplastischen Polymeren. Materiale plast., Bucureşti **6** (1969) 1, S. 8–13.

Physik und Chemie der Monomeren und Oligomeren

Karaivanov, St., Dimitrov, D., Mageeva, Sn.: Direkte Bestimmung von Xanthogenat durch Fällungstitration mit Kupfer(II)-salz. Fresenius' Z. analyt. Chemie **244** (1969) 5, S. 319–320.
Dautzenberg, H., Philipp, B.: Zur Kinetik der Additionsreaktion zwischen CS_2 und verschiedenen Anionen unter besonderer Berücksichtigung ihrer Abhängigkeit von der Hydroxylionenkonzentration. Faserforsch. u. Textiltechnik **20** (1969) 5, S. 213–218.
Kaláb, V.: Über die Möglichkeiten der industriellen Reinigung von 6-Caprolactam durch Kristallisation. Chem. Prüm., Praha (Chem. Ind.) **19(44)** (1969) 4, S. 162–166.
Heyner, E., Seeboth, H.: Zur katalytischen Bildung von Nitrilen aus Kohlenwasserstoffen, Ammoniak und Luft in der Gasphase (Ammoxydation). I. Die technische Bedeutung der Acrylnitrilsynthese. Chem. Technik **21** (1969) 5, S. 301–306.

Polymerisation

D'jačkovskij, F. S., Ericjan, M. L., Kašireninov, O. E., Matiska, B., Mach, K., Svestka, M., Šilov, A. E.: Untersuchung der Natur von aktiven Zentren in katalytischen Systemen $TiCl_4 + AlR_2Cl$. Vysokomol. Soed. (Hochmol. Verbind.) **11 A** (1969) 3, S. 543–547.
Beljakova, M. K., Gal'brajch, L. S., Rogovin, Z. A.: Synthese von Mischpolysacchariden mit Altro- und Mannopyranoseresten auf Cellulosebasis. Vysokomol. Soed. (Hochmol. Verbind.) **11 A** (1969) 3, S. 577–581.
Ogiwara, Y., Ogiwara, Y., Kubota, H.: Untersuchungen zum Initiationsmechanismus des Eisen(III)/Wasserstoffperoxid-Systems bei der Pfropfcopolymerisation von Cellulose. J. appl. Polymer Sci. **12** (1968) 12, S. 2575 bis 2584.
Mizutani, S., Arai, H.: Schmelzbruch von Polyamid 6. Der Einfluß der Extrusionsbedingungen auf die Form der Schmelzbruch unterworfenen Extrudate. Kobunshi Kagaku, Tokyo (Chem. High Polymers) **26** (1969) 285, S. 31–38 (jap.; engl. Zusammenfass.).
Hopff, H., Osman, M. A.: Vinylester von 4-Aroylbuttersäuren und ihre Polymere. Makromol. Chemie **6** (1969) S. 39–45 (engl.).
Hayashi, S., Imoto, M.: Vinylpolymerisation. 218. Polymerisation von Methylmethacrylat in Gegenwart von Polyamid-6-Faserstoff und Wasser. Makromol. Chemie **6** (1969) S. 46–59 (engl.).
Izumi, Z., Kiuchi, H., Watanabe, M.: Polymerisation von Acrylnitril in wäßriger Lösung mit dem Redoxsystem Ammoniumsulfat/Hydroxylaminhydrochlorid. Kobunshi Kagaku, Tokyo (Chem. High Polymers) **26** (1969) 286, S. 158–162 (jap.; engl. Zusammenfass.).
Kaeriyama, K.: Polymerisationsmechanismus von Styrol bei Katalyse mit *n*-Dodecylbenzolsulfonsäureionen enthaltendem Cersalz und Äthylalkohol oder Cyclohexanon. Polymer, London **10** (1969) 1, S. 11–20.
Yuki, Y., Kakurai, T., Noguchi, T.: Polymerisation von 2-Amino-4-o-toluidin-6-vinyl-s-triazin. Kobunshi Kagaku, Tokyo (Chem. High Polymers) **26** (1969) 286, S. 141–147 (jap.; engl. Zusammenfass.).

Sonderfragen

Wolf, F., Koch, U., Krauße, H.: Zum Reaktionsverhalten von β-Chlorvinylsulfonsäurechlorid bei der Herstellung reaktiver Azofarbstoffe. Melliand Textilber. **50** (1969) 4, S. 436.

II. Faserstoffe. Ausgangsstoffe usw.

Naturfaserstoffe

Pflanzliche Faserstoffe

Pados, F.: Eine Analyse der Lage in der Bastfaserindustrie. Magyar Textiltechn. **21** (1969) 3, S. 127–130.

Tierische Faserstoffe

Asquith, R. S., Puri, A. K.: Der Nachweis von S-Äthyl-2-Amino-Cystein in Wolle, die mit 2-Amino-Thioäthanol behandelt wurde. Textile Res. J. **39** (1969) 1, S. 95–96.
Swart, L. S., Joubert, F. J., Strydom, A. J. C.: Die scheinbare mikroheterogene Natur schwefelreicher Proteine des α-Keratins. Textile Res. J. **39** (1969) 3, S. 273–279.

Chemiefaserstoffe

Bieser, H.: Textile Chemiefasern und deren Verarbeitung im Jahre 1980. Chemiefasern **19** (1969) 4, S. 262–265.
Gollmick, H. J.: Unhörbarer Schall löst schwierige Reinigungsaufgaben. Chemiefasern **19** (1969) 4, S. 275–280.

Cellulose und Zellstoff

Krause, T.: Der Einfluß des Aufschlußgrades auf einige Eigenschaften ungebleichter Fichten-Sulfat- und -Sulfitzellstoffe. Papier **23** (1969) 5, S. 266–272.
Rozmarin, Gh., Grigora;, M., Cernatescu-Asandei, A., Simionescu, Cr.: Chemische Untersuchung der Pappel in der SR Rumänien. II. Hemicellulosen. Celuloza şi Hîrtie, Bucureşti (Cellulose u. Papier) **18** (1969) 3, S. 109–113.
Vartiainen, V.: Verwendung von Peroxid zur Zellstoffbleiche. Paperi ja Puu, Helsinki (Papier u. Holz) **51** (1969) 4a, S. 277–284.
Back, E. L.: Mechanismen der Harzabscheidung. Svensk Papperstidn. **72** (1969) 7, S. 226–231.
Azzola, F. K., Schneider, L., Weber, R.: Zur Frage einer „Innenschicht der Sekundärwand" und einer „Tertiärwand" bei Cellulosefasern, insbesondere der Baumwolle. Papier **23** (1969) 5, S. 261–265.
Mendelovici, T.: Untersuchungen zur Bestimmung eines Zusammenhanges zwischen dem Gehalt an α-Cellulose und dem viskosimetrischen DP für gebleichte Papierzellstoffe. Celuloza şi Hîrtie, Bucureşti (Cellulose u. Papier) **18** (1969) 3, S. 133–136.
Dželjuk, S. P.: Lehren bei der Meisterung der Herstellung von Cordzellstoff. Bumaž. Prom. (Papier-Ind.) (1969) 3, S. 8–9.

Regeneratfaserstoffe

Falber, M.: Regenerierung des Spinnbades aus der Viskoseseideerzeugung Chem. Prüm., Praha (Chem. Ind.) **19(44)** (1969) 3, S. 125–128.
Usatenko, V. I., Šiškina, N. P., Serkov, A. T., Budnickij, G. A.: Zum Erspinnen in Spinnrohren. Chim. Volokna (Chem. Fasern) (1969) 2, S. 4–9.
Vasil'ev, A. V., Majboroda, V. I.: Eigenschaften der Lösungen von in organischem Lösungsmittel erhaltenen Cellulosexanthogenat. Chim. Volokna (Chem. Fasern) (1969) 2, S. 33–35.
Sinev, O. P.: Zersetzung des Cellulosexanthogenats und Ausfällung von Regeneratcellulose bei der Reinigung von Abwässern der Viskoseindustrie. Chim. Volokna (Chem. Fasern) (1969) 2, S. 42–44.
Šankin, P. A., Gličev, G. T.: Zur Viskosefiltration durch körnige Materialien. Chim. Volokna (Chem. Fasern) (1969) 2, S. 31–33.
Mitrofanov, Ju. A., Širokov, G. U.: Automatisierung der Herstellung der Arbeitslauge. Chim. Volokna (Chem. Fasern) (1969) 2, S. 62–64.
Levnaič, N.: Einsatzgebiete für Polynosefasern. Hemijska Vlakna, Loznica/Jugoslaw. (Chem. Fasern) **9** (1969) 1, S. 7–11.

Synthetische Faserstoffe

Potnis, S. P., Shetty, S. M., Rao, K. N., Prakasj, Jai: Untersuchungen über den Einfluß von Gammastrahlung auf synthetische Faserstoffe. J. Angew. makromol. Chemie 6 (1969) S. 127–135 (engl.).

Kavalerova, L. M., Meglickij, V. A., Zacharov, M. I.: Bestimmung der Verteilungsgleichmäßigkeit der Präparation auf Polyamidseide mittels radioaktiver Katalysatoren. Chim. Volokna (Chem. Fasern) (1969) 2, S. 65–67.

Masłowski, E., Kozłowski, W.: Einfluß des Weichmachers auf einige Eigenschaften von verstreckten Polyvinylchloridfäden. Polimery, Warszawa 14 (1969) 2, S. 61–63.

Faserstoffe: Nicht entflammbares Kynol. Chem. engng. News 47 (1969) 17, S. 16.

Faserstoffe: XE wird handelsüblich. Chem. engng. News 47 (1969) 14, S. 14.

Künstliche mineralische Faserstoffe

Kohlenstoff-Fasern, Probleme der Nutzung. Nature, London 221 (1969) 5185, S. 987–988.

Albinson, E.: Entwicklungen bei Metallgarnen. Textile Inst. Ind. 7 (1969) 3, S. 66–68.

Ausgangsstoffe. Schaumstoffe. Kautschuk

Jinescu, V. V.: Rechnerische Beziehungen für die Verweildauer thermoplastischer Materialien bei der Extrusion und Injektion. Materiale plast., București 6 (1969) 1, S. 21–26.

III. Fäden-Herstellungstechnologien

Spinnerei. Zwirnerei

Gupta, Sh. S., Hambry, D. S.: Faserwanderung in Fasergarnen. Teil I. Die mittlere Faserlage als ein Kontrollfaktor und der Einfluß der Spindelgeschwindigkeit sowie der Spinnspannung. Textile Res. J. 39 (1969) 1, S. 55–69.

Spinnereivorbereitung

Mitova, B.: Bestimmung der Beimengungen in gewaschener Wolle. Tekstil. Prom. Sofija (Textil-Ind.) 18 (1969) 1, S. 8–11.

Moderne Methoden für das Mischen von Polyester/Baumwollgarnen. Textile World 119 (1969) 1, S. 53–57.

Mangialardi, jr., G. J., Shepherd, J. V.: Die Einflüsse der Faser-Reinigung aus Baumwollentkörnungsmaschinen auf die Verteilung von Samenbruchstücken und Samenstengeln. Textile Res. J. 39 (1969) 1, S. 11–14.

Spinnerei

Kacer, B. M., Sil'vestrova, N. M., Brio, N. I.: Nysenko, N. T., Smornova, G. G., Evrejčikov, V. A.: Neue Textil-Hilfsgeräte. Tekstil. Prom., Moskva (Textil-Ind.) 29 (1969) 2, S. 21–23.

Rodehacke, K.: Wie weit kann der Ringspinner den Selfaktor ersetzen. Chemiefasern 19 (1969) 4, S. 271–272.

Wandrey, K.: Produktionserhöhung an Ringspinnmaschinen durch luftgelagerte, drehende Spinnringe. Textil-Praxis 24 (1969) 4, S. 205–206.

Hilfsmaschinen für Druckwalzen. Internat. Textil-Bull., Zürich, Weltausgabe: Spinnerei (1968) 4, S. 1–2, 7–8, 13–14, 19–20, 25–26.

Druckwalzenbezüge. Internat. Textil-Bull., Zürich, Weltausgabe: Spinnerei (1968) 3, S. 1–2, 7–8, 13–14, 19–20.

Belin, R. E., Taylor, D. S.: Die Bedeutung des Nachverzuges bei der ersten Strecke nach dem Kardieren von Kammgarnen. J. Textile Inst. 60 (1969) 4, S. 132–139.

Schenkel, E.: Die Ermittlung der Grenze des konventionellen Ringspinnens durch Drehzahlsteigerung mit Hilfe eines luftgelagerten Spinnringes. Z. ges. Textilind. 71 (1969) 4, S. 231–241.

Erzeugnisse der Spinnerei und Zwirnerei

Nozaki, Ch., Hasegawa, J., Niimi, H.: Wie die Qualität eines auf einer Hochleistungskarde bearbeiteten Baumwollgarns durch Zylinder-, Vorreißer- und Abnehmergeschwindigkeit, Kardenbandgewicht und Produktionsrate beeinflußt wird. J. Textile Mach. Soc. Japan 14 (1968) 5, S. 137 bis 142.

Wegener, W., Bechlenberg, H.: Druckverteilung in Streckzwirnspulen. Textil-Praxis 24 (1969) 4, S. 226–232.

Serkov, A., Cvetkov, V., Varaksin, V., Putor, A., Nikitina, N., Skorobogatych, V.: Elastischer Viskosecord. Chim. Volokna (Chem. Fasern) (1969) 2, S. 76.

Texturfäden

Specker, H.: Texturierte Garne – Herstellung und Endeinsatz. Textilveredlung. Weinfelden/Schweiz 4 (1969) 3, S. 135–142.

Krause, H. W.: Die Verarbeitung texturierter Garne in der Weberei, Strickerei und Wirkerei. Textilveredlung, Weinfelden/Schweiz 4 (1969) 3, S. 143–150.

Vogler, O.: Wirtschaftliche Perspektiven für Fertigartikel aus texturierten Garnen. Textilveredlung, Weinfelden/Schweiz 4 (1969) 3, S. 159–165.

Kern/Mantel-Fäden

Jung, G.: Experimentelle und theoretische Untersuchungen des Verfahrens zur Herstellung von Kernwindefäden. Dt. Textiltechnik 19 (1969) 5, S. 286–292.

IV. Flächengebilde-Herstellungstechnologien

Indiens neueste Textilfabrik zielt auf Export in weltweite Märkte hin. Textile World 119 (1969) 1, S. 60–65.

Materialvorbereitung

Die Fadenbremse als Regulator der textilen Fertigung. Textil-Praxis 24 (1969) 4, S. 206–207.

Peschke, W., Jörder, H.: Der Einfluß hydrotroper Mittel auf das Verhalten von Stärkeschlichten und auf die Eigenschaften geschlichteter Baumwollgarne. Z. ges. Textilind. 71 (1969) 4, S. 259–264.

Weberei

Frommert, S.: Grundlagen der Technologie der Florgewebe. Melliand Textilber. 50 (1969) 4, S. 397–404.

Dubner, H.: Das Texta-Verfahren. Band- u. Flechtind. (1969) 1, S. 2–7, 8. (dt. u. engl.).

Hesse, E. O.: Ist das Spleißen von Zwirnresten wirtschaftlich oder nicht? Textil-Praxis 24 (1969) 4, S. 209.

Maschinen und Fabrikationstechnik für Frottierwaren. Internat. Textil-Bull., Zürich, Weltausgabe: Weberei (1968) 3, S. 1–2, 7–8, 13–14, 19–20.

Weberei-Technologie

Stand der Entwicklung und Einsatzmöglichkeiten von Webmaschinen. Internat. Textil-Bull., Zürich, Weltausgabe: Weberei (1968) 4, S. 1–2.

Weise, Ch.: Einsatz eines neuen Greiferschützen-Webautomaten in der Baumwollglattweberei. Dt. Textiltechnik 19 (1969) 5, S. 293–303.

Jederán, M.: Die Wechselwirkung der Einarbeitung von Kette und Schuß bei Geweben mit Leinwandbindung. Magyar Textiltechn. 21 (1969) 3, S. 121–126.

Tremelloni, A.: Neue produktive Technologien für Fußbodenteppiche. Panorama tessile, Milano 6 (1969) 37, S. 24–31.

Wirkerei und Strickerei. Konfektion. Sonstige Technologien

Wirkerei- und Strickerei Technologie

Tret'jakova, R. Z.: Organisation einer rhythmischen Arbeit auf Kettelmaschinen. Tekstil. Prom., Moskva (Textil-Ind.) 29 (1969) 2, S. 42–44.

Beneman, A. M., Garbaruk, V. N.: Berücksichtigung des Fadenschlupfers bei der Berechnung der Zahnrad-Fadenzubringer. Tekstil. Prom., Moskva (Textil-Ind.) 29 (1969) 2, S. 46–48.

Erzeugnisse der Wirkerei und Strickerei

Findlay, P. M.: Steigerung der Geschwindigkeit beim Schußwirken. Textile Inst. Ind. 7 (1969) 4, S. 98–100.

Pilisi, J.: Das Weben von Stoffen durch „Kreuzung" von Kette und Schuß mit frontalem Schußeintrag auf Wirkmaschinen. Textil-Praxis 24 (1969) 4, S. 207–208.

Jersex-dor, eine neue Lösung in der Jersey-Entwicklung. Wirk.- u. Strick.-Technik 19 (1969) 4, S. 207–209.

Konfektion

Cathomas, E.: Konfektion von Waren aus texturierten Garnen – Bedeutung in der Bekleidungsindustrie. Textilveredlung, Weinfelden/Schweiz 4 (1969) 3, S. 157–159.

Busch, M.: Gestrickte bzw. gewirkte Herrenanzugstoffe aus texturierten Polyesterendlosgarnen. Tex. Doetinchem/Nd. 28 (1969) 2, S. 73–75.

Langenbrinck, A.: Die Frontfixierung aus der Sicht des Einlagestoff- und Fixiereinlagestoffherstellers. Bekleid. u. Wäsche 21 (1969) 8, S. 573–575.

Sonstige Technologien

Polypropylen: Ozite's eigenes Verfahren. Chem. engng. News 47 (1969) 14, S. 13.

Kiss, J.: Mechanisierung der Stück-Einteilung durch die Sowjetmaschine Typ EMRT-2. Magyar Textiltechn. 21 (1969) 3, S. 146–147.

Weber-Partenheimer, W.: Ein Beitrag zur Berechnung von Rundgeflechten. Band- und Flechtind. (1969) 1, S. 17–18, 23–24, 26–28, 30–31 (dt. u. engl.).

Textilverbundstoffe

Faserverbundstoffe. Vliesstoffe

Herstellung und Eigenschaften von Vliesstoffen. Internat. Textil-Bull., Zürich, Weltausgabe: Weberei (1968) 4, S. 53–54.

Malik, F.: Progressive Erzeugung nichtgewebter Textilien. Melliand Textilber. 50 (1969) 4, S. 410–411.

Graff, P.: Die hydrodynamische Vliesformierung und deren Besonderheiten im Vergleich zu anderen Formierungsmethoden. Melliand Textilber. 50 (1969) 4, S. 404–409.

Mysona, M., Kunecewicz, L.: Vliesstoffe als Filtermaterial. Przegl. włókienn. (Textil-Rdsch.) 23 (1969) 2, S. 78–79.

Reichherzer, R.: Kunststoff-Textil-Verbundstoffe. Kunststoff-Rdsch. 16 (1969) 4, S. 215–218.

Schichtstoffe

Lichtdurchlässige Chemiefasergewebe. VDI-Nachr. 23 (1969) 20, S. 6.

V. Textilveredlung

Walter, H.: Rationalisieren mit Großkaulen. Spinner, Weber, Textilveredlung 87 (1969) 4, S. 302–304.

Farbstoffe. Textilhilfsmittel

Alphabetische Liste neuer Produkte – entwickelt seit November 1967. Amer. Dyestuff Rep. 57 (1968) 25, S. 47–70.

Mehltretter, C. L.: Fluoreszierende Verbindungen und Azofarbstoffe aus Stärkeanthranilaten. IEC. Ind. engng. Chem./Product Res. Development 8 (1969) 1, S. 77–79.

Rückgang der Farbstoffproduktion in den USA im Jahre 1967 um 5,9%. Amer. Dyestuff Rep. 57 (1968) 25, S. 124–125.

Corbett, J. F.: Benzochinonimine. III. Die Struktur der Bandrowskischen Base. J. Soc. Dyers Colourists 85 (1969) 2, S. 71–73.

Head, F. S. H., Lund, G.: Neue Ultraviolettabsorber zur Verbesserung der Lichtbeständigkeit von Baumwollcellulose. J. Soc. Dyers Colourists 85 (1969) 2, S. 61–65.

Günter, H.: Eigenschaften und Anwendung optischer Aufheller für Synthesefasern. Spinner, Weber, Textilveredlung 87 (1969) 4, S. 304–308.

Stargorodskij, L., Ivanova, Z.: Untersuchung der hygienischen und toxischen Eigenschaften des Präparationsmittels Teprem-3. Chim. Volokna (Chem. Fasern) (1969) 2, S. 78.

Brockmann, W.: Klebstoffe aus Kunststoff. VDI-Z. 111 (1969) 6, S. 353 bis 357.

Bleicherei. Sonstige Vorbehandlungsarbeiten der Textilveredlung

Reinhardt, R. M., Kullmann, M. H.: Natriumhypobromit-Behandlung von Baumwolle, ausgerüstet mit methylolierten Carbamaten: Bromamid-Bildung und -Abbau. Textile Res. J. 39 (1969) 3, S. 217–222.

Rösch, G.: Die Anwendung optischer Aufheller auf Synthesefasern. Chemiefasern 19 (1969) 4, S. 265–270.

Färberei

Neue, durch Computer automatisierte Färberei. Textile Manuf. 95 (1969) 1129, S. 32–34.

Swindells, P. C.: Automatisierung in der Garnspulenfärberei. J. Soc. Dyers Colourists 85 (1969) 2, S. 57–58.

Pester, A. J.: Erfahrungen mit der Automatisierung in der Garnfärberei. J. Soc. Dyers Colourists 85 (1969) 2, S. 59–60.

Viriani, F.: Betrachtungen über das Färben von Teppichen. Panorama tessile. Milano **6** (1969) 37, S. 32–35.
Müller, I., Steinmüller, H.: Untersuchungen zur Überfärbeechtheit der fabrikationsgefärbten Wolpryla-Faser-Premnitz. Dt. Textiltechnik **19** (1969) 5, S., 314–319.

Druckerei

Stapfer, P. E.: Neuheiten für den Filmdrucker. Spinner, Weber, Textilveredlung **87** (1969) 4, S. 321–322.
Stepánek, O., Weigl, B.: Das Verhalten von Harnstoff bei der Fixierung von Reaktivfarbstoffen durch Heißluft, gesättigten bzw. überhitztenDampf. Textil-Praxis **24** (1969) 4, S. 242–244.
Sublistatic – ein neues Druckverfahren für die Maschenwarenindustrie. Wirk.- u. Strick.-Technik **19** (1969) 4, S. 187–188, 191, 193, 194, 196.
Leijdekkers, P. E. J.: Die technologischen und ökonomischen Aspekte des Rotationsfilmdrucksystems. Tex, Doetinchem/Nd. **28** (1969) 3, S. 135 bis 137.

Ausrüstung. Trocknung

Crook, F. M., Kalkipsakis, C. G., Nelson, P. F.: Einige Aspekte der Strahlungspropfung von Styrol auf Papier. Holzforsch. **23** (1969) 2, S. 56–64.
Hofstetter, H. H.: Die Anwendung organischer Lösungsmittel in der Textilveredlung. II. Mitteilung. Literatur über die Anwendungsmöglichkeiten organischer Lösungsmittel in der Ausrüstung und Färberei von Cellulosematerialien. Melliand Textilber. **50** (1969) 4, S. 455–459.
Nöth, O.: Die Flammbarkeit von Textilien und der Schutz des Konsumenten. Bekleidungsmed. **9** (1969) 2, S. 2–10.
Martin, E. P.: Zum gegenwärtigen Stand der Flammfestausrüstung von Textilien mit kritischer Betrachtung der Testmethoden. Bekleidungsmed. **9** (1969) 2, S. 12–22.
Egginton, C. D., Vale, C. P.: Struktur und Eigenschaften einiger Urone und Thiourone. Textile Res. J. **39** (1969) 2, S. 140–147.
Unger, F., Kloss, E.: Die Vorbehandlung von Geweben und Maschenwaren aus texturierten synthetischen Garnen. Melliand Textilber. **50** (1969) 4, S. 442–448.
Perkins, R. M., Drake, G. L., Reeves, W. A.: Durable-Press-Baumwolle. Textil-Praxis **24** (1969) 4, S. 237–242.
Holt, L. A., Leach, S. J., Milligan, B.: Woll-Fixierung. Der Einfluß der Veresterung. Textile Res. J. **39** (1969) 3, S. 290–293.
Cook, J. R., Delmenico, J.: Das Beseitigen der Boldrigkeit in karierten Geweben. Textile Inst. Ind. **7** (1969) 3, S. 62–65.
Olsen, B.: Erwartungen des Verbrauchers von schmutzlösenden Ausrüstungen. Amer. Dyestuff Rep. **57** (1968) 25, S. 83–84.
Dubbini, R.: Neue praktische Möglichkeiten zur Verwendung der Ester der Methacrylsäure – Die Monomeren in der Beschichtung des Gewebes mit PVC. Fibre e Colori, Milano **19** (1969) 3, S. 100–109.

Wäscherei. Chemische Reinigung

Tolsdorf, E.: Magazinier- und Zuführgerät für sämtliche zu mangelnden Wäschearten. Textilreinigung, Leipzig **16** (1969) 5, S. 150–151.
Waschmittel: Du Pont bringt „Right" auf den Markt. Chem. engng. News **47** (1969) 12, S. 12–13.
Sachse, H., Karwarth, W.: Zur Desinfektionsleistung des CTD-Waschverfahrens bei tuberkulös infizierter Wäsche. Z. ges. Hygiene **15** (1969) 3, S. 196–200.
Treuhoff, I., Mauer, W., Flach, E.: Desinfektion in der Chemischreinigung. Textilreinigung, Leipzig **16** (1969) 5, S. 138–142.

VI. Werkstoffprüfung. Meß- und Prüftechnik. Standardisierung

Zurek, W.: Ein neues einheitliches Klassierungssystem der Faserfeinheit und Länge. Przegl. włókienn. (Textil-Rdsch.) **23** (1969) 2, S. 73–76.

Eigenschaften und Fehler der Textilmaterialien u. a

Prochorova, Z. F., Uterskij, L. E., Perepelkin, K. E., Vasil'kova, G. P.: Untersuchung des Thermorelaxationsprozesses eines Faserstoffs aus Polyvinylalkohol. Chim. Volokna (Chem. Fasern) (1969) 2, S. 51–53.
Robson, A., Williams, M. J., Woodhouse, J. M.: Die Bildung von Lysinalanin und Lanthionin in Wollfasern, die in kochendem Wasser gestreckt werden, und ihre Beziehung zur Dauer-Fixierung. J. Textile Inst. **60** (1969) 4, S. 140–151.
Becker, G.: Werkstoffe und Organismen. Umschau Wiss. Technik **69** (1969) 9, S. 259–265.
Stannett, V., Hoffman, A. S.: Strahlungstechniken in der Textilindustrie. Amer. Dyestuff Rep. **57** (1968) 25, S. 91–100.
O'Connell, R. A.: Bruchfestigkeit offizieller US-Standards von Wollbändern. Textile Res. J. **38** (1968) 12, S. 1199.
Winkler, F.: Zur Toleranz der Vorspannkräfte und deren ökonomisch optimaler Berücksichtigung in der Textilprüfung. Faserforsch. u. Textiltechnik **20** (1969) 5, S. 249–252.
Agarwal, P. N., Purathingal, J. M.: Mikrobiologischer Abbau von Wollmaterialien. Textile Res. J. **39** (1969) 1, S. 38–42.
Armstrong, L. D., Feughelman, M.: Die Torsionseigenschaften normaler und schwefelreicher Wollfasern. Teil I: Steifheitsmodul und Torsionsrelaxation nasser und trockener Fasern bei 20 °C. Teil II. Steifheitsmodul und Torsionsmodul von Fasern in Wasser bei Temperaturen zwischen 20 und 85 °C. Textile Res. J. **39** (1969) 3, S. 261–266; 267–272.
Žarkova, M. A., Kudrjavcev, G. I., Chudošev, I. F., Romanova, T. A.: Isometrische Untersuchung von strukturierten Polyacrylnitrilfaserstoffen. Chim. Volokna (Chem. Fasern) (1969) 2, S. 21–23.
Hengstman, L., van Dort, J. M.: Praktische Gewebegeometrie. II u. III. Tex, Doetinchem/Nd. **28** (1969) 2, S. 69–70; 3, S. 119–122.
Meier, E.: Einfluß konzentrations- und temperaturabhängiger Diffusionskoeffizienten auf die Trocknung hygroskopischer Kunststoffe. Chemie-Ing.-Technik **41** (1969) 7, S. 472–478.
Kienbaum, M.: Die Einflußnahme der Stückveredlung und gewerblichen Reinigung auf die Maßhaltigkeit der Dekorationen aus Dralon. Reiniger Rev./Chem. Reinigung/Färberei **12** (1969) 1, S. 4–6.
Aščik, K.: Der Einfluß des Redoxpotentials auf die physikalisch-mechanischen Eigenschaften von mit Natriumchlorit gebleichten Cellulosefaserstoffen. Przegl. włókienn. (Textil-Rdsch.) **23** (1969) 2, S. 80–83.
Feughelman, M., Robinson, M. S.: Spannungs-Relaxation von Wollfasern in Wasser bei Dehnungen im Hookeschen Bereich bei Temperaturen von 0 bis 90 °C. Textile Res. J. **39** (1969) 2, S. 196–198.

Schott, H.: Stellungnahme zur Waschbarkeit von Baumwolle und zum Ablösemechanismus der Waschmittel. Textile Res. J. **39** (1969) 3, S. 296 bis 298.
Stockburger, D., Faulhaber, F. R.: Trocknungsverhalten von Kunststoffen. Chemie-Ing.-Technik **41** (1969) 7, S. 456–461.

Meß- und Prüftechnik

Foord, T. R.: Messen der Verteilung elektrischer Oberflächenladung durch Kapazitätsbestimmung. J. sci. Instruments/J. Physics E **2** (1969) 5, S. 411–413.
Lengyel, I.: Über zeitgemäße Methoden der Qualitätskontrolle. Magyar Textiltechn. **31** (1969) 3, S. 139–142.
Lewedag, D.: Eine Zusammenfassung der gebräuchlichsten mechanisch- und chemisch-technologischen Prüfungen an textilen Flächengebilden mit besonderem Hinblick auf die textile Hochveredlung. Teil 1. Textil-Praxis **24** (1969) 4, S. 254–259.
Taylor, D. S.: Eine Untersuchung der Parameter, die beim Knittern der Wolle durch einen Verformungstest gemessen wurden. J. Textile Inst. **60** (1969) 4, S. 152–160.
Edmonds, I. R.: Eine Diffraktionsmethode zur Bestimmung des durchschnittlichen Durchmessers und seiner Standardabweichung einer Faserprobe. J. Textile Inst. **60** (1969) 4, S. 161–164.
Wray, G. R.: Die Eigenschaften lufttexturierter multifiler Seiden. J. Textile Inst. **60** (1969) 3, S. 102–126.
Singleton, R. W., Cook, P. A. C.: Faktoren, die die Bestimmung des Strahlungsabbaues von Fasern beeinflussen. Teil II. Verfeinerung der Meßtechnik für Bewetterungsabbau. Textile Res. J. **39** (1969) 1, S. 43–49.
Valk, G., Schliefer, K., Klippel, F.: Analyse von Kunstharz-Appreturen. Eine Anleitung für den Betriebspraktiker. Melliand Textilber. **50** (1969) 4, S. 449–454.
Stratmann, M.: Möglichkeiten zur Identifizierung der Faserstoffe. III. Z. ges. Textilind. **71** (1969) 4, S. 248–252.
Arndt, U. W., Leigh, J. Barrington, Mallett, J. F. W., Twinn, K. E.: Ein mechanisches Gerät zum Messen der optischen Mikro-Dichte. J. sci. Instruments/J. Physics E **2** (1969) 5, S. 385–387.
Hubig: Beziehungen zwischen den textiltechnischen Feinheitsbegriffen. Textil-Praxis **24** (1969) 4, S. 219–221.
Riemschneider, R., Riedel, E.: Bestimmung der Permeabilität von Kunststoff-Folien für organische Flüssigkeiten mit einer dielektrischen Meßzelle. Kunststoffe **59** (1969) 3, S. 159–173.
Malkin, A. Ja., Šumskij, V. F.: Meßgeräte für die Messung von Normalspannungen beim Fließen von viskoelastischen Flüssigkeiten. Zavodsk. Labor., Moskva (Betriebslabor) **35** (1969) 3, S. 308–316.
Egginger, R.: Die papierchromatografische Kunstharzanalyse im Praxistextillabor. Spinner, Weber, Textilveredlung **87** (1969) 4, S. 308–314.

Standardisierung. Terminologie

Grycewicz, H.: Probleme der Typen-Standardisierung bei Neuseeland-Wolle. Przegl. włókienn. (Textil-Rdsch.) **23** (1969) 2, S. 67–72.
Heiner, H.: Neue Aspekte in der Warenkennzeichnung. Spinner, Weber, Textilveredlung **87** (1969) 4, S. 315.
Orantek, W.: Vorschlag für eine neue Garnterminologie. Dt. Textiltechnik **19** (1969) 5, S. 325–327.

VII. Betriebstechnik. Ökonomie. Tagungsberichte und dgl.. Sonderfragen

Betriebstechnik

Zajcev, K. F.: Erhöhung der Verschleißfestigkeit von Spinn- und Zwirnspindeln. Tekstil. Prom., Moskva (Textil-Ind.) **29** (1969) 2, S. 75.
Nezelenov, S. V.: Polyamidbänder für den Spindelantrieb. Tekstil. Prom., Moskva (Textil-Ind.) **29** (1969) 2, S. 74–75.
Zaryski, Z.: Über einige Fragen der Verbrauchsbestimmung von Wärme in der Textilindustrie aus der Sicht der Planung und Betriebsführung. Magyar Textiltechn. **21** (1969) 3, S. 143–145.
Eliseev, V. S.: Intensivierung des Klärungsprozesses von Kaltwasser. Chim. Volokna (Chem. Fasern) (1969) 2, S. 73–74.

Ökonomie

Bernhardt, D., Meyer, S.: Neuere Ergebnisse der rationellen, physiologischen und technisch sicheren Arbeitsgestaltung. IV. Über Untersuchungsverfahren des Arbeitsstudiums zur physiologischen Arbeitsgestaltung. Z. ges. Hyg. **15** (1969) 3, S. 161–171.
Hárskuti, L.: Eine technisch-wirtschaftliche Bewertung von Webstühlen neuer Systeme und ihre Entwicklungstendenzen. Magyar Textiltechn. **21** (1969) 3, S. 135–138.
Lange, W.: Inhaltliche und organisatorische Probleme der Einarbeitung von Erzeugnisprognosen in der Textilindustrie. Dt. Textiltechnik **19** (1969) 5, S. 281–286.
Helm, R.: MTM und REFA. ZwF. Z. wirtsch. Fertigung **64** (1969) 4, S. 197–199.
Zuev, V. M., Ersjukov, V. S., Ajzenštejn, E. M.: Spirin, V. A.: Ökonomische Wirksamkeit der kontinuierlichen Herstellung von Polyesterfaserstoff. Chim. Volokna (Chem. Fasern) (1969) 2, S. 59–60.
Belgische und niederländische Firmen tauschen Faserstoff- und Filmkapazität aus. Chem. engng. News **47** (1969) 14, S. 28.
Überblick über Chemiefaserstoffe in den USA. Textile Organon **40** (1969) 2, S. 25–40.
Überblick über den Endverbrauch von Textilfaserstoffen. Textile Organon **40** (1969) 1, S. 1–18.
Požlep, A.: Bisherige Entwicklung, gegenwärtiger Stand und Entwicklungsaussichten der Chemiefaserstoffe. Hemijska Vlakna, Loznica/Jugoslaw. (Chem. Fasern) **9** (1969) 1, S. 3–7.

Sonderfragen

Industrie nimmt das Problem der chemischen Daten in Angriff. Chem. engng. News **47** (1969) 16, S. 22–23.
Starke, C.-D.: Durch Ideen zum Erfolg. Ein Bericht über Ideenkonferenzen im ZIS. Techn. Gemeinsch. **17** (1969) 4, S. 28–37.
Koch, P.-A.: Dokumentation und Information. Z. ges. Textilind. **71** (1969) 4, S. 229–230.
Schulz, G., Weißbach, M.: Patentrecherchen mit hoher Effektivität. Techn. Gemeinsch. **17** (1969) 4, S. 14–17.
Patentschriften – wissenschaftlich-technische und schutzrechtliche Informationsquellen. Neuerer, Ausg. C (1969) 4, S. 139–140.

KURT THINIUS

Stabilisierung und Alterung von Plastwerkstoffen

Band I: Stabilisierung und Stabilisatoren von Plastwerkstoffen

1969. 730 Seiten · 80 Abbildungen · 58 Tabellen · gr. 8° · Leinen M 84,—

Entgegen der auch heute noch vielfach geäußerten Auffassung, daß der überwiegende Teil der produzierten Plastwerkstoffe dazu bestimmt sein soll, andere knappe und teuere Roh- und Werkstoffe zu ersetzen, ist es vielmehr die Aufgabe der im Industriezweig und der Forschung der Plastwerkstoffe Tätigen, sich weiter darum zu bemühen, diese Gruppe der organischen Werkstoffe in höchstmöglichem Maße überall dort einzusetzen, wo sie es vom technischen Standpunkt ihre Werkstoffeigenschaften erlauben oder geradezu fordern. Sie sollen hier einen hohen volkswirtschaftlichen Nutzen bringen und soweit wie nur irgendmöglich auch eine Einsparung an gesellschaftlicher Arbeit erzielen.

Der wirklich erreichbare wirtschaftliche Nutzeffekt der Plastformstoffe ist oft schwierig zu ermitteln. Er wird sich in den allerseltensten Fällen auf einen Betrieb beschränken oder beziehen lassen.

Eine sehr fundierte Werkstoffkunde mit den für die Plastwerkstoffe in ihrer Gebrauchsform des Plastformstoffes charakteristischen Vorgängen, Zuständen und Erscheinungen, für die es sich bei allen Sprachgebieten seit langem eingebürgert hat, den Begriff der Alterung zu gebrauchen, wird sich demgemäß als eine unabdingbare Notwendigkeit für die Erreichung des oben skizzierten gesellschaftlichen Zieles ergeben.

In dem Bestreben, hierbei den Wissenschaftlern, Technikern, Ingenieuren, Neuerern ein wenig zu helfen, ist das Buch über die Stabilisierung und Alterung der Plastwerkstoffe entstanden. Es schöpft aus einer fast 40jährigen wissenschaftlichen wie technologischen Bearbeitung mit Problemen der Stabilität und Stabilisierung des Makromoleküls, den Beeinflussungsmöglichkeiten dieser Eigenschaften durch Stabilisatoren sowie mit den Problemen der Dauerstandfestigkeit der aus dem Makromolekül herstellbaren Plastformstoffe.

Es sollte versucht werden, unter bewußtem Verzicht auf eine absolut erschöpfende Erfassung des einschlägigen Welt-Schrifttums. die grundlegenden Regelmäßigkeiten zu den Problemen der Stabilitätsverbesserung beim Aufbau des Makromoleküls selbst, wie auch durch verarbeitungstechnische Sorgfalt und Stabilisatoren darzulegen und auch aufzuzeigen, welche Grenzen der Einsatzfähigkeit den derzeitigen Plastformstoffen aus ihren Eigenschaften und ihren Wandlungsfähigkeiten her gegeben sind und wie die Bedingungen des sinnvollen Gebrauchs das Makromolekül beeinflussen.

Dieses Buch soll in seinem doppelten Charakter als Hand- und Nachschlagebuch wie auch als Lehrbuch für die Studentenschaft und den Kreis der Postgradualen dazu beitragen, die im Prognosezeitraum sehr weitgesteckten Ziele unserer Plastindustrie erreichen zu helfen.

Bestellungen durch eine Buchhandlung erbeten

THEORIA CUM PRAXI

A K A D E M I E - V E R L A G · B E R L I N

31 712